보르도

라 코루냐

테네리페섬

알렉산더 폰
훔볼트의 항해
1799~1804

자연의 발견

알렉산더 폰 훔볼트의 모험

안드레아 울프 글 · 릴리안 멜서 그림 · 정영은 옮김

THE ADVENTURES OF ALEXANDER VON HUMBOLDT

자연의 발견

알렉산더 폰 훔볼트의 모험

안드레아 울프 글 · 릴리안 멜셔 그림 · 정영은 옮김

열린과학

토마스, 젠, 더그에게

하지만 내가 직접 보고 겪은
남아메리카 이야기를 들려주는 건
이번이 처음일세.

떠날 수 있게 돼서 정말 기뻐.

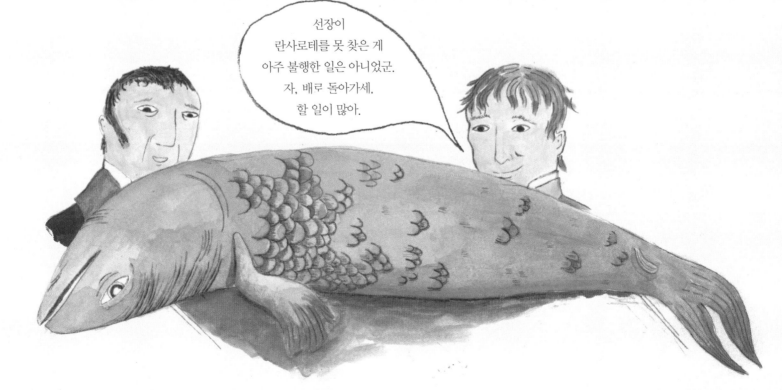

테네리페섬을 짧게 탐사하고 피사로호로 돌아왔다. 대서양을 건너는 중에는 별다른 사건이 없었다. 매일매일이 비슷해 하루하루가 잘 구분되지도 않는 나날이었다. 이참에 나를 조금 더 자세히 소개하겠다.

나는 1769년 9월 14일 베를린 근교 테겔에 있는 훔볼트 가문의 영지에서 나고 자랐다. 아버지인 알렉산더 게오르크 폰 훔볼트는 프로이센의 군 관료로, 나중에 프로이센의 국왕이 된 프리드리히 빌헬름 2세와 돈독한 사이였다. 자상했던 아버지는 내가 아홉 살 때 돌아가셨다. 어머니 마리 엘리자베스 폰 훔볼트는 나와 빌헬름 형에게 엄격하신 편이었지만 교육에는 무척 신경을 많이 쓰셨다. 어머니는 높은 비용도 마다 않고 늘 최고의 가정교사를 구해주셨지만 나는 도무지 공부에 흥미가 생기질 않았다. 형은 고대 그리스·로마 신화 공부를 무척 즐거워했지만, 나는 테겔의 숲속을 쏘다니는 게 더 좋았다. 내 주머니에는 늘 곤충이나 식물, 돌멩이가 가득했고, 우리 가족은 그런 나를 '꼬마 약재상'이라고 부르곤 했다. 사실 내게는 원대한 계획이 있었다. 어린 시절 나는 제임스 쿡의 멋진 탐험과 앙투안 드 부갱빌의 대담한 항해 이야기를 읽으며 먼 나라로 떠나는 꿈을 꾸곤 했다. 하지만 어머니의 생각은 달랐다. 지루한 내용은 생략하고 짧게 말하자면 어머니는 나와 빌헬름 형이 공직에서 일하기를 바라셨다. 온갖 출납부에 파묻혀 이 칸에서 저 칸으로 숫자나 옮겨 적는 그런 일 말이다.

콜럼버스가
앤틸리스 제도에 갈 때도
이 항로로 항해했지.

나는 명문이었던 프라이베르크 광산학교에 진학했
다. 일종의 타협이었다. 광산학교를 졸업하면 나중
에 광산 감독관이 될 수 있다는 점에서 어머니는 만
족하셨고, 나 또한 그곳에서라면 관심분야인 자연사
와 지질학 공부에 집중할 수 있었다. 자랑 같아서 쑥
스럽지만 나는 프로이센 광업부 내에서 꽤 빠른 속도
로 승진했고, 스물둘이라는 이른 나이에 광산 감독관
이 되었다. 직업 덕에 꽤 많은 곳을 돌아다녔다. 브란
덴부르크의 탄광과 슐레지엔의 철광, 피히텔산맥 지
역의 금광, 그리고 폴란드의 소금광산에서 감독관으
로 일했다. 암석 샘플을 채취하려고 갱도 깊은 곳까
지 기어 들어가기도 하고, 산소가 희박한 갱도 제일
안쪽에서도 작동하는 안전등을 발명하기도 했다. 광
부들을 위해 호흡장치가 달린 마스크를 개발하고, 그
들을 위한 학교를 설립하기도 했다. 하지만 여전히
행복하지 않았다. 그러다 어머니가 돌아가시며 모든
것이 바뀌었다. 나는 마침내 자유로워졌고, 동시에
부자가 됐다. 재산 이야기는 나중에 더 하기로 하자.
이제 갑판으로 나가봐야 할 시간이다. 밤하늘이 어서
밖으로 나와서 관찰해달라고 재촉하고 있다.

선상에서 첫 사망자가 나오자 선장은 항로를 바꿔 가장 가까운 항구인 베네수엘라의 쿠마나로 향했다.
이제 모험을 시작할 시간이었다.

16세기 초에 건설된 쿠마나는 남아메리카에서 가장 오래된 유럽인 정착지 중 하나로, 캘리포니아에서 칠레의 남쪽 끝까지 쭉 뻗은 광대한 스페인 식민지의 일부분이었다. 쿠마나는 베네수엘라에 속해 있었는데, 1만 5,000명에 달하는 인구는 스페인인, 메스티소, 노예, 크리오요 등으로 다양하게 구성되어 있었다. 크리오요는 남아메리카에서 태어난 스페인계 백인 주민을 뜻했다. 크리오요 중에는 막대한 부를 자랑하는 사람들도 있었지만 정부나 군대의 최고위직에는 오르지 못했다. 쿠마나는 1797년에 일어난 지진으로 거의 파괴되다시피 했다. 우리가 도착한 것은 그로부터 18개월 후였는데, 가는 곳마다 무너진 집들이 보였다. 지진에 대해서는 나중에 더 이야기하도록 하겠다. 봉플랑과 나는 도시에서 얼마 떨어지지 않은 곳에 펼쳐진 자연의 세계에 완전히 매료되고 말았다.

보는 곳마다 그저 경이롭군.

산 이름이 '임포시블레(Imposible, 불가능)'라니, 무시무시하군.

그렇다고 물러설 우리가 아니지.

우리는 쿠마나에 머물며 주변 지역을 탐험했다. 도착하고 몇 주 후 차이마 원주민 거주 지역을 방문했다. 호세라는 이름의 하인도 고용했다. 호세에 대해서는 차차 알아갈 기회가 있을 것이다.

어떻게 이런 일이! 잠이 드는 바람에 자정 관측을 놓치고 말았다. 그런 일이 있을 때면 화가 나기도 했지만, 사실 남아메리카는 존재 자체로 벅찬 곳이었다. 봐야 할 것도, 수집해야 할 것도 너무 많았다.

산속의 깊은 고요, 이국적인 새들, 밤하늘에 떠오른 낯선 남반구의 별자리, 무성하게 우거진 열대 식물들… 어느 하나를 꼽기 어려울 만큼 남아메리카의 모든 광경은 나를 흥분시켰다.

린네는 뭐라고 할까?

무슨 상관인가? 식물과 동물, 광물을 단순 분류하는 방식으로 세상을 보아서는 결코 세상의 비밀에 다가갈 수 없네.

18세기 스웨덴의 식물학자 카를 폰 린네는 엄격한 구분 시스템으로 자연을 분류하고 정리했다. 1736년, 린네는 수술을 기준으로 종자식물을 23강으로 나누고, 이를 다시 암술의 개수에 따라 세분화했다. 린네가 도입한 이 새로운 분류법은 '성분류체계'였다. 잎과 열매, 꽃의 형태 등에 따른 또 다른 분류법도 있었다. 물론 식물의 종류를 구분하고 정리하는 데 있어 분류학은 중요하다. 하지만 내게는 새로운, 더 큰 아이디어가 있었다.

나는 그 '연결'을 찾기 위해 유럽에서 남아메리카로, 그리고 나중에는 러시아의 알타이산맥으로 전 세계를 누비고 다녔다. 안데스산맥에서 독일 북부의 숲속에서 본 것과 유사한 종류의 이끼를 발견하기도 했고, 카라카스 근처의 산에서는 철쭉과 비슷한 식물을 발견하기도 했다. 스위스 쪽 알프스에서 보던 알펜로제와 비슷해 나는 그 식물을 알펜로제 나무라고 부르곤 했다. 멕시코에서는 캐나다에서 본 것과 유사한 소나무와 사이프러스, 참나무를 보기도 했다. 현대인들에게는 대수롭지 않은 주장으로 들리겠지만, 당시로서는 혁명적인 주장이었다. 그때는 전 지구적 차원의 식생대나 기후대라는 개념이 존재하지 않았다.

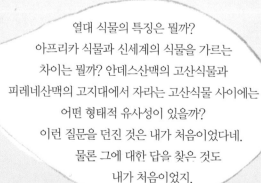

열대 식물의 특징은 뭘까?
아프리카 식물과 신세계의 식물을 가르는 차이는 뭘까? 안데스산맥의 고산식물과 피레네산맥의 고지대에서 자라는 고산식물 사이에는 어떤 형태적 유사성이 있을까? 이런 질문을 던진 것은 내가 처음이었다네. 물론 그에 대한 답을 찾은 것도 내가 처음이었지.

과차로는 유럽의 과학자들에게
알려져 있지 않은 새였지. 근처에 있는 카리페 마을의
지명을 따서 스테아토르니스 카리펜시스(Steatornis caripensis)
라는 이름을 붙였다네. 유럽으로 돌아올 때 한 마리를
가져왔지.

지금은 비록 박제 상태기는 하지만
아주 당당한 자태로 내 베를린 자택 서재 한편의
석재 받침대 위에 서 있다네.
과차로 동굴을 방문했던 무렵 우기가 시작됐어.
봉플랑은 고민에 빠졌지.
우리는 쿠마나로 돌아가기로 했네.

비가 이렇게 오면
식물들이 마르지 않아.

*과차로 동굴은 1975년 베네수엘라
최초의 국립 기념물인 알렉산더 훔
볼트 기념물로 지정되었다.

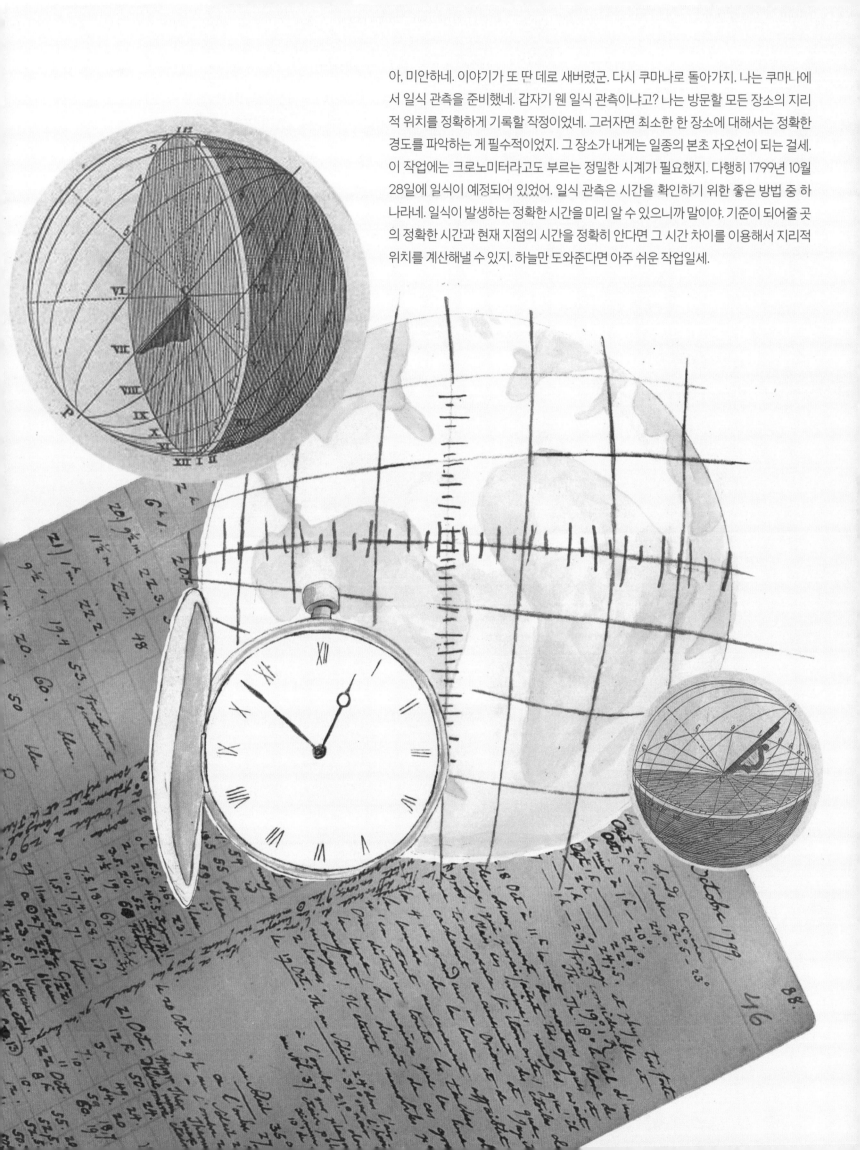

아, 미안하네. 이야기가 또 딴 데로 새버렸군. 다시 쿠마나로 돌아가지. 나는 쿠마나에서 일식 관측을 준비했네. 갑자기 웬 일식 관측이냐고? 나는 방문할 모든 장소의 지리적 위치를 정확하게 기록할 작정이었네. 그러자면 최소한 한 장소에 대해서는 정확한 경도를 파악하는 게 필수적이었지. 그 장소가 내게는 일종의 본초 자오선이 되는 걸세. 이 작업에는 크로노미터라고도 부르는 정밀한 시계가 필요했지. 다행히 1799년 10월 28일에 일식이 예정되어 있었어. 일식 관측은 시간을 확인하기 위한 좋은 방법 중 하나라네. 일식이 발생하는 정확한 시간을 미리 알 수 있으니까 말이야. 기준이 되어줄 곳의 정확한 시간과 현재 지점의 시간을 정확히 안다면 그 시간 차이를 이용해서 지리적 위치를 계산해낼 수 있지. 하늘만 도와준다면 아주 쉬운 작업일세.

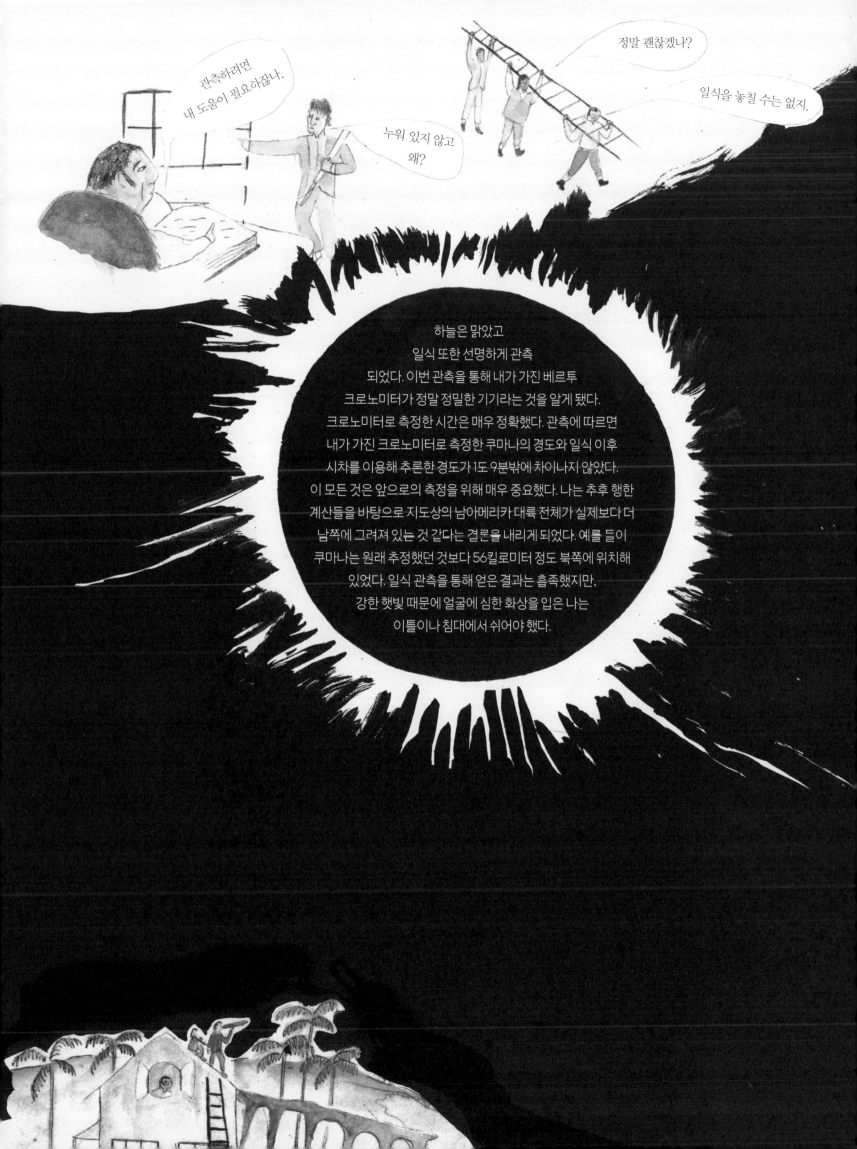

며칠 후, 쿠마나에서는 또 놀랄 만한 일이 벌어졌다.

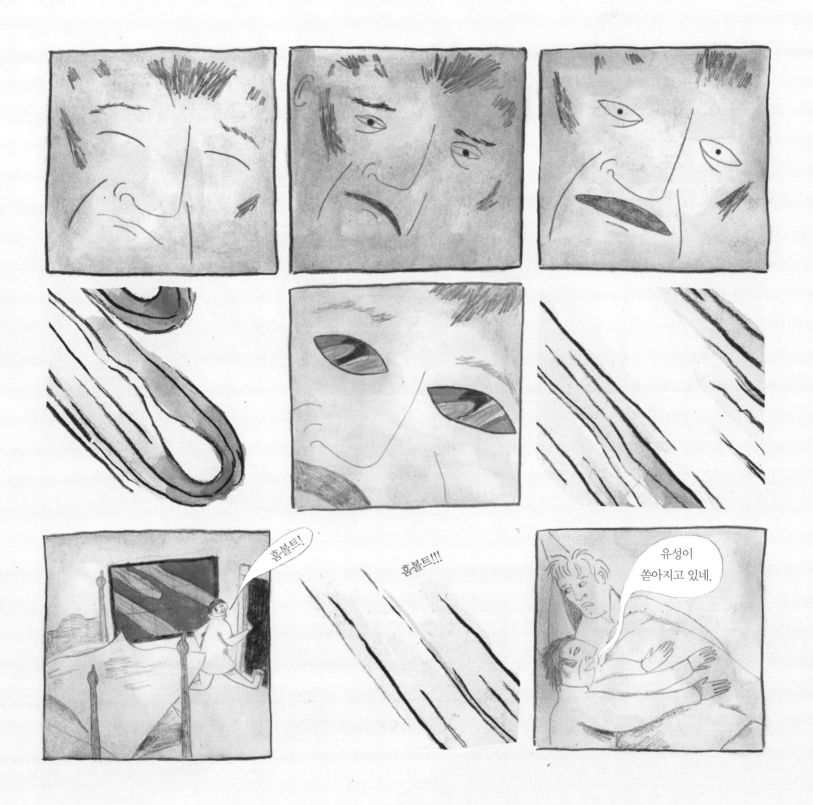

일식 다음에는 지진.
그리고 이번엔 유성우라니.

이런 광경은 처음이야.
정말 쉴 새 없이 떨어지는군.

여기 말고 또 어디에서
관측할 수 있을까?

우리는 흰 꼬리를 길게 끌며 떨어지는 유성들을 장장 4시간 동안 바라보았다. 정말이지 멋진 광경이었다. 나중에 원주민들에게 들으니 1766년 쿠마나 지진 때도 비슷한 유성우가 내렸다고 했다. 나는 이후 가는 곳마다 사람들에게 유성우를 봤는지 물었다. 우리가 만난 선교사와 원주민들은 오리노코강 근처에서도 유성우를 봤다고 했고, 훨씬 더 남쪽에 위치한 페루나 브라질에서도 관측되었다는 말을 전하는 이들도 있었다. 미국에서도 래브라도에서 플로리다까지 보였다고 했다. 유럽으로 돌아온 후 알게 되었지만, 그날의 유성우가 관측된 지역은 생각보다 훨씬 넓었다. 선교사들 중에는 저 멀리 그린란드에서도 유성우를 본 이가 있다고 했다. 모두 입을 모아 마치 하늘에 불이 난 것 같은 광경이었다고 말했다. 이 유성우는 지금은 '사자자리 유성군'이라고 알려져 있다. 사자자리 부근에서 유성우가 시작된다 하여 붙은 이름이지만 실제로 늘 그렇지는 않았다.

별이 비처럼 내리고 있어.

유성우다.

저 떨어지는 별들 좀 봐.

그칠 줄을 모르네.

얼마나 오랫동안 지속되는 거지?

유성우를 관측하고 며칠 후 쿠마나를 떠나 카라카스로 향했다. 카리카스는 쿠마나에서 서쪽으로 290킬로미터가량 떨어져 있는 도시로, 베네수엘라의 주요 항구이기도 했다. 우리는 1799년 11월 22일 카라카스에 도착했다. 도시 근처에는 우뚝 솟은 두 봉우리가 아름다운 시야산이 있었는데, 놀랍게도 카라카스에서는 아직 아무도 올라가 본 이가 없다고 했다. 인구가 4만 명인 도시에서 단 한 명도 올라가 볼 생각을 하지 않았다니! 가끔 보면 사람들은 놀랍도록 주변의 세상에 무관심하다. 그러나 다들 알다시피 나는 호기심이 왕성한 사람이었고, 우리는 시야산에 올라 새로운 세기의 시작을 기념하기로 했다.

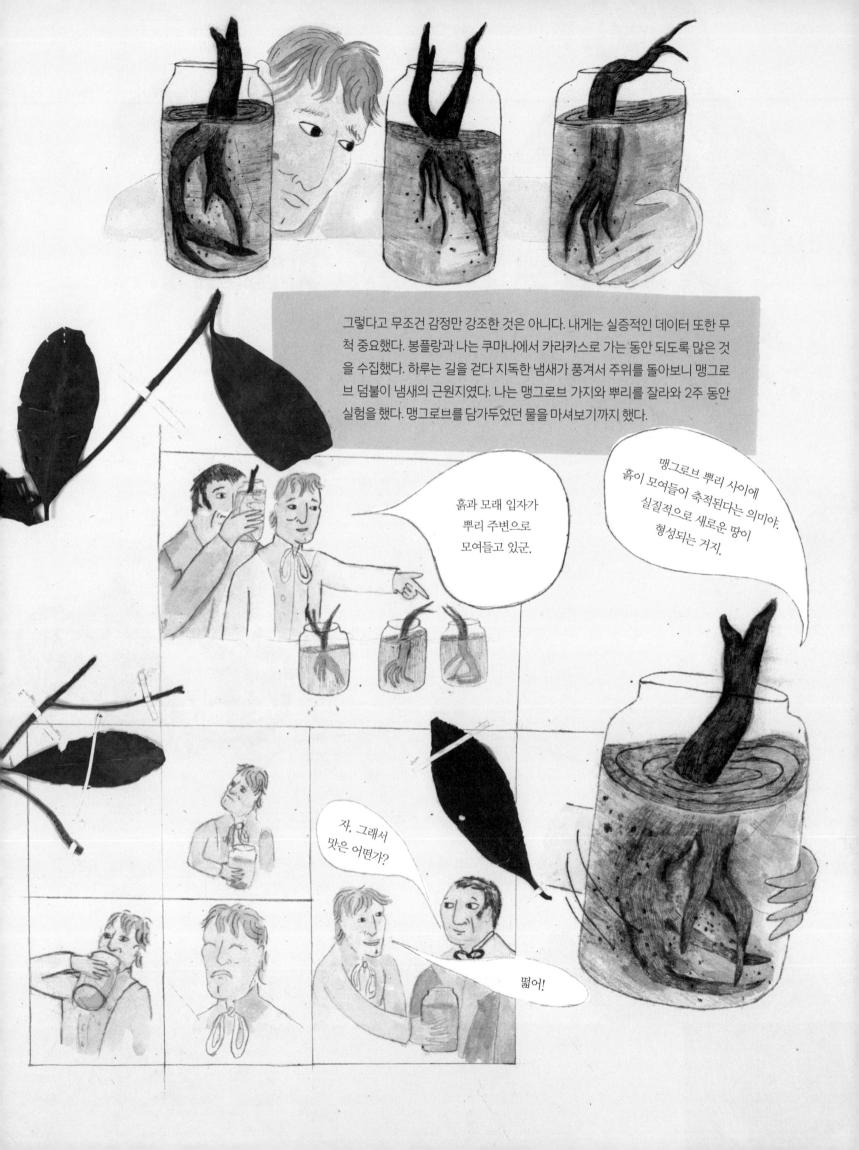

그렇다고 무조건 감정만 강조한 것은 아니다. 내게는 실증적인 데이터 또한 무척 중요했다. 봉플랑과 나는 쿠마나에서 카라카스로 가는 동안 되도록 많은 것을 수집했다. 하루는 길을 걷다 지독한 냄새가 풍겨서 주위를 돌아보니 맹그로브 덤불이 냄새의 근원지였다. 나는 맹그로브 가지와 뿌리를 잘라와 2주 동안 실험을 했다. 맹그로브를 담가두었던 물을 마셔보기까지 했다.

우리는
1800년 2월 7일에 카라카스를
떠났다네. 당시에는 별생각이
없었지만, 지금 카라카스를 떠올리면
마음이 아파. 우리가 알았던 친구들이
혁명을 거치며 목숨을 잃었거든.

남아메리카 어디를 가도 식민지배의 폭정에 대한 불만의 목소리가 들렸다. 그러나 대부분 당국에 대한 두려움으로 작은 소리로 불만을 토로할 뿐이었고, 스페인의 지배를 공개적으로 비판하는 사람은 소수에 불과했다. 남아메리카가 스페인에 반기를 들기까지는 그로부터 약 10년이라는 시간이 걸렸다. 혁명을 이끈 이는 내 오랜 친구 시몬 볼리바르였다. 볼리바르는 훗날 '해방자'라는 의미의 '엘 리베르타도'라는 별명을 얻었다. 볼리바르를 처음 만난 것은 1804년 가을, 내가 남아메리카에서 유럽으로 돌아온 지 몇 주 되지 않은 때였다. 당시 볼리바르는 스물한 살의 젊은이였고, 내 기억이 맞다면 카라카스에서 가장 부유한 크리오요 집안 출신이었다. 우리는 파리에서 만나 이야기를 나누며 베네수엘라에 대한 그리움을 나눴다.

우리의 대화는 오리노코강의 거친 급류와 안데스산맥의 우뚝 솟은 봉우리부터 정치와 혁명까지 끊임없이 이어졌다. 당시 내 눈에 비친 볼리바르는 멋진 꿈과 이상을 품은 총명한 청년이었다. 물론 열정적인 면도 많았지만, 미래에 혁명 지도자가 되리라고는 생각하지 못했다. 나는 나중에 남아메리카에 대한 나의 묘사가 볼리바르의 혁명에 영향을 주었을지도 모른다는 이야기를 들었다. 식민지 주민들이 남아메리카의 자연과 사람들에 대한 내 글을 읽고 자신들이 살고 있는 대륙이 얼마나 멋지고 특별한지 깨달았을 수도 있다는 이야기였다. 확실한 것은 볼리바르가 내 글을 읽고 영감을 받았다는 사실이었다.

우리는 남아메리카를 여행하며 뭔가 흥미로운 이야기가 들릴 때마다 샛길로 빠졌다. 원래는 오리노코강과 그 지류를 탐험할 계획이었지만, 오리노코가 있는 남쪽 대신 아라구아 계곡과 발렌시아 호수가 있는 서쪽으로 향했다. 식민지에서 가장 비옥한 농경지대 중 하나였다.

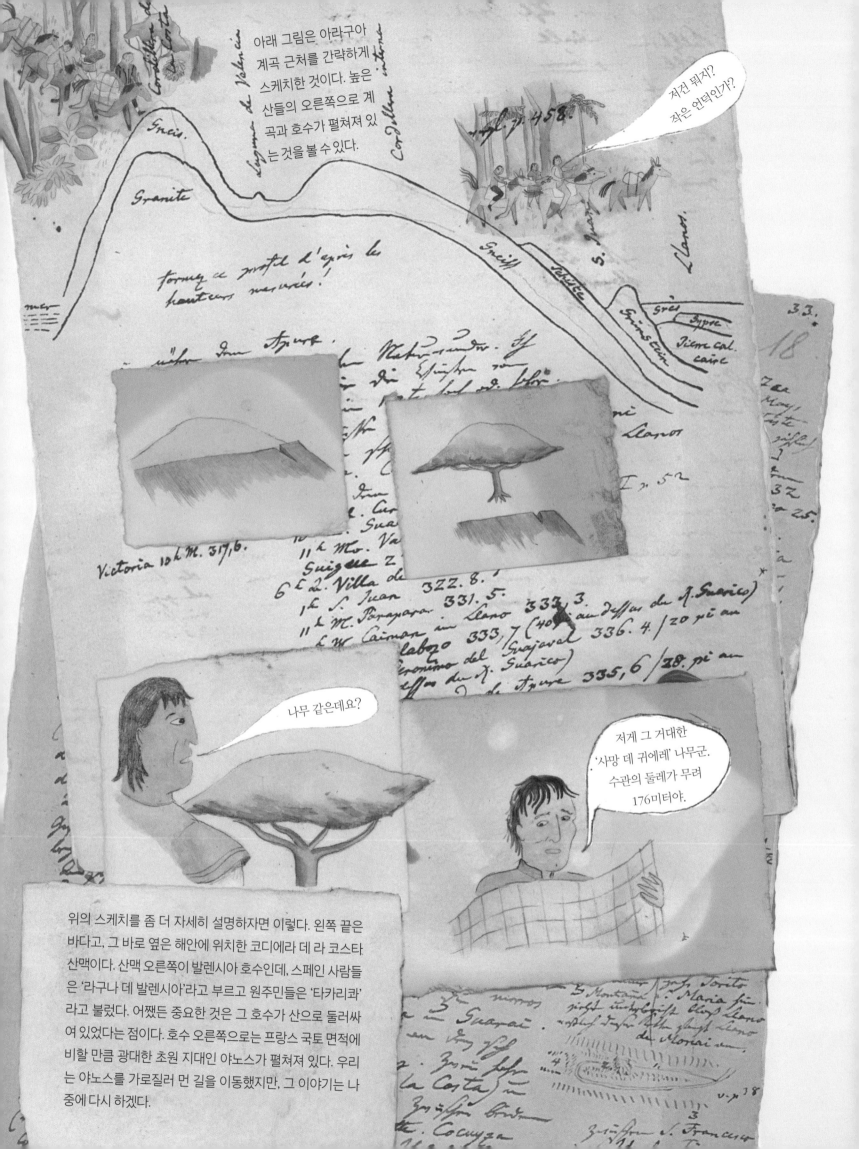

아래 그림은 아라구아 계곡 근처를 간략하게 스케치한 것이다. 높은 산들의 오른쪽으로 계곡과 호수가 펼쳐져 있는 것을 볼 수 있다.

저건 뭐지? 작은 언덕인가?

나무 같은데요?

저게 그 거대한 '사망 데 귀에레' 나무군. 수관의 둘레가 무려 176미터야.

위의 스케치를 좀 더 자세히 설명하자면 이렇다. 왼쪽 끝은 바다고, 그 바로 옆은 해안에 위치한 코디에라 데 라 코스타 산맥이다. 산맥 오른쪽이 발렌시아 호수인데, 스페인 사람들은 '라구나 데 발렌시아'라고 부르고 원주민들은 '타카리콰'라고 불렀다. 어쨌든 중요한 것은 그 호수가 산으로 둘러싸여 있었다는 점이다. 호수 오른쪽으로는 프랑스 국토 면적에 비할 만큼 광대한 초원 지대인 야노스가 펼쳐져 있다. 우리는 야노스를 가로질러 먼 길을 이동했지만, 그 이야기는 나중에 다시 하겠다.

알비지아 사만Albizia saman
(사망 데 귀에레Zamang Del Guayre)

저희 부족은 수 세기동안 이 나무를 숭배해왔습니다. 해를 입히거나 가지를 자르는 것은 금지되어 있죠.

정말 거대하네요.

유럽인들이 고대의 성전이나 조각상을 보호하듯 원주민들은 이 나무를 보호한다는 의미로군요.

인디오들이 들려준 이야기에 매료된 나는 그 내용을 책에도 넣었다. 그건 그렇고 혹시 존 뮤어를 아는가? 뮤어는 미국에서 '국립공원의 아버지'로 추앙받는 인물이다. 바로 그 존 뮤어가 내 책을 아주 좋아했다고 하는데, 특히 산림 황폐화를 경고한 내용에 많은 영향을 받았다고 한다. 물론 내가 죽고 난 후 아주 나중의 일이다.

나는 훔볼트의 저서를 많이 가지고 있었다네. 그의 말을 신봉했지.

훔볼트 같은 사람이 되기를 얼마나 갈망했던지!

존 뮤어

토마토가 참 맛있지?
그런데 이곳 사람들은 이 토마토를
'엉덩이 마개'라는 별명으로 부른다네.
변비를 유발하거든.

나의 오랜 멘토인 베를린의 식물학자
칼 루드비히 빌데노브는 그 토마토에
내 이름을 붙였다.

솔라눔 훔볼티Solanum humholdtii

나는 호수를 측량해서
과거 기록상에 남아 있는
측정치들과 비교했다. 세계
곳곳의 강과 호수의 연평균 증
발량을 찾아 비교하기도 했다. 그
리고 호수 주변 산등성이와 수많은
플랜테이션 농장의 황량한 풍경을 유
심히 살폈다. 조사를 마치자 호수의 수위
가 낮아지는 이유를 확신할 수 있었다. 원인
은 단 하나, 숲의 황폐화였다. 17세기 중반까지
아라구아 계곡을 둘러싼 산들은 숲으로 우거져
있었다. 그러나 지금은 나무가 전혀 없었다.

장-바티스트 콜베르

나무가 부족하면 프랑스는 멸망할 것이다.

에벌린의 《삼림에 대하여》가 출간된 지 5년 후 프랑스의 재무장관인 장-바티스트 콜베르는 예로부터 내려오던 마을 사람들의 숲 공동 사용을 금지했다. 정부는 공동 사용을 금지한 숲에 나무를 심었다. 추후 해군이 사용할 수 있도록 하기 위해서였다.

벤저민 프랭클린

미국의 목재가 바닥날까 봐 우려스럽다.

벤저민 프랭클린은 북미에서 벌어지는 무분별한 벌채를 걱정해 연료 효율이 높은 벽난로를 개발하기도 했다.

인류는 수천 년 동안 자연을 인간중심적인 관점으로만 바라보았다. 그런 의미에서 삼림 파괴에 대한 나의 경고는 꽤나 급진적인 것이었다.

야노스 대평원에 들어서니 막막한 고독의 한가운데에 내던져진 느낌이었다.

폭염은 참기 어려울 지경이었고, 물과 식량도 바닥을 드러
내고 있었다. 갈증이 나도 물웅덩이의 더러운 물로 목을
조금씩 축이는 게 다였다.

야노스에 들어선 지 사흘째 되던 날 우리는 한 농장에 도착했다. 농장이라고는 하지만 집 한 채와 허름한 오두막 몇 개가 전부인 곳이었다. 살펴보니 주인은 없고 늙은 노예 한 명이 농장을 돌보고 있었다. 농장 이름은 '엘 카이만'이었다.

우린 정말 힘든 하루를 보냈다오. 혹시 우유 한 잔 나눠줄 수 있겠소?

우유는 없어요.

그럼 물은 있습니까?

저쪽 나무통에 있습니다. 컵에 거름망을 대고 드세요.

왜죠?

안 그러면 입안에 흙이 들어오니까요.

노새들은 꼬리를 세우고 머리를 젖힌 채 가다 서다를 반복하며
초원 쪽으로 향했다. 크게 힝힝거리는 소리를 들으니 분명 물이
있는 것 같았다.

한참을 따라간 끝에 우리가 다다른 곳은 탁한 물이 고인 웅덩이였다.

우리가 없어진 걸 알아채고 찾으러 오지 않을까?

사람이다!

야네로 주민인 것 같아.

엘 카이만 농장을 찾고 있습니다. 혹시 길을 알려주실 수 있나요?

경계하는 것 같은데?

야노스 한복판에서 옷도 제대로 안 걸친 백인들을 보면 나라도 그러겠네.

따라오시오.

자, 뛰세!

남쪽으로
향하는 여정에서
우리는 가끔 마우리티아
야자나무를 보았다. 늘씬하
게 쭉 뻗은 기둥 위로 손바닥 모양
의 잎을 거대한 부채처럼 펼친 모습
이었다. 마우리티아 야자의 열매는
새와 원숭이의 먹이가 되고, 그 잎
은 바람을 막아준다. 나무 주변
의 흙은 야노스 내에서 가장 많
은 수분을 머금고 있어서 벌레
들의 안식처가 된다. 사람들
은 이 나무에서 얻은 재료로
바구니, 실, 해먹, 그물, 지붕,
옷을 만들고, 발효를 이용해
맛있는 술을 빚기도 한다.
마우리티아 야자야말로 진
정한 생명의 나무이자 살
아 있는 유기체로서의 자
연을 보여주는 완벽한 상
징이다.

어떤 면에서
'핵심종keystone species'이
라는 개념은 내가 창안한 것이나 다
름없다. 물론 용어 자체는 아주 나중에
다른 과학자가 만든 것이기는 하다. 마우리
티아 야자는 생태계에 있어 아치의 핵심인
쐐기돌keystone과 같은 역할을 했다. 쐐
기돌을 빼버리면 아치가 무너지듯, 핵
심종을 제거하면 생태계가 무너지고
만다.

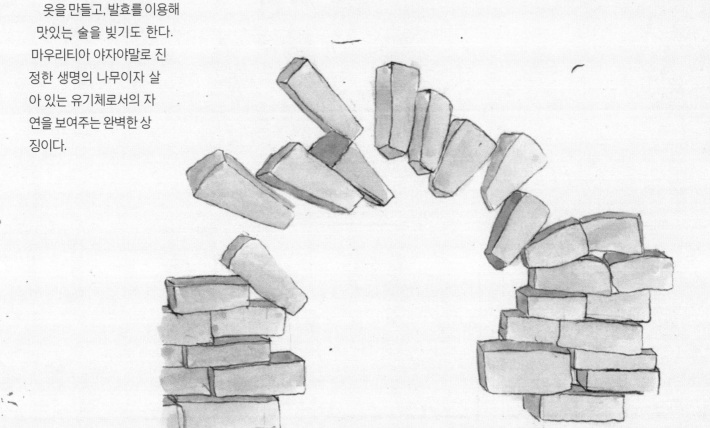

야노스 평원을 절반쯤 가로지른 우리는 칼라보소 라는 작은 교역 마을에 도착했다.

저쪽 얕은 웅덩이에 가보면 진흙 바닥 밑에 전기뱀장어가 우글우글해.

예전부터 전기뱀장어를 꼭 연구해보고 싶었다네.

600볼트가 넘는 전기충격을 줄 수 있다는 얘기를 들었거든!

독일에 거주하던 시절 나는 '동물 전기' 실험에 심취해 있었다. 개구리와 쥐, 도마뱀을 이리저리 자르고, 찌르고, 감전시키며 4,000여 번에 걸쳐 여러 실험을 했다.

동물들이 가엾다고 하는 이들이 있을지도 모르겠다. 하지만 동물에게만 실험을 한 건 아니었다. 내 팔과 상체를 절개한 후 각종 화학 물질이나 산성 물질을 문질러보기도 했고, 피부 표면이나 안쪽에 다양한 금속과 전깃줄, 전극을 부착하고는 자극을 주었을 때 느껴지는 경련과 작열감을 하나하나 기록하기도 했다. 이런 실험을 하면 몇 주 동안은 온몸에 피멍이 들어 성한 데가 없었지만, 실험은 언제나 성공적이었다.

내 관심은 '물질 안에 힘이 존재하는가?'라는 질문에 대한 답을 찾는 데에 있었다. 아이작 뉴턴은 본질적으로 물질은 수동적인 것이라고 주장했지만, 내 생각은 정반대였다. 물론 뉴턴은 역사상 뛰어난 과학자 중 한 명이지만, 이번만큼은 뉴턴이 틀렸다. 내 생각에 자연은 단순한 기계적 장치가 아닌 살아 있는 유기체다.

1790년대, 나는 괴테와 함께 해부학 실험실에서 많은 시간을 보냈다. 번개에 감전되어 죽은 농부 부부의 시신을 직접 해부해본 적도 있었지만, 그 이야기는 굳이 자세히 하지 않겠다. 우리는 물질을 이루고 움직이게 하는 힘을 이해하고 싶었다.

전기뱀장어가 사는 웅덩이로 말들을 몰아넣자 뱀장어들이 말의 배 쪽으로 뛰어오르며 전기충격을 발산했다. 공격을 반복하며 뱀장어들은 점점 지쳤고, 야노스 주민들은 그 틈을 타서 다섯 마리를 사로잡았다. 우리는 4시간 동안 다양한 실험을 해서 뱀장어들을 관찰했다.

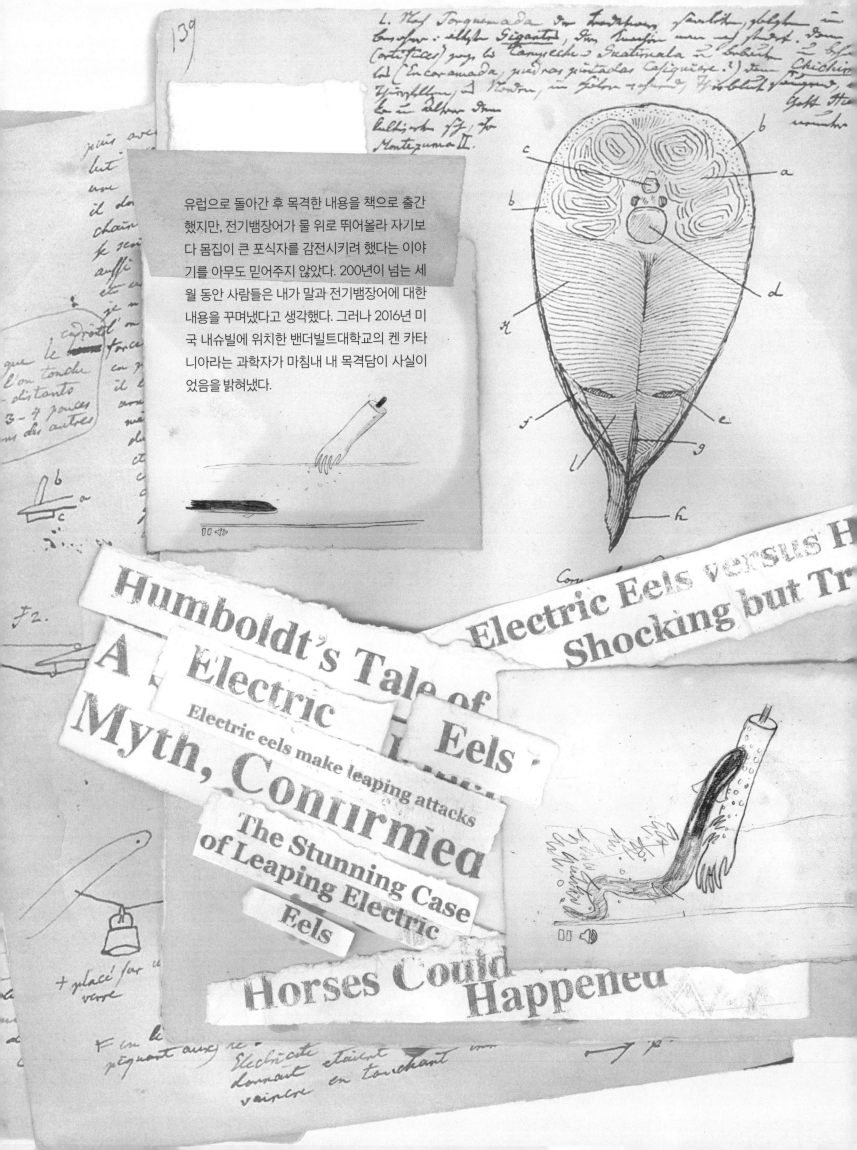

유럽으로 돌아간 후 목격한 내용을 책으로 출간했지만, 전기뱀장어가 물 위로 뛰어올라 자기보다 몸집이 큰 포식자를 감전시키려 했다는 이야기를 아무도 믿어주지 않았다. 200년이 넘는 세월 동안 사람들은 내가 말과 전기뱀장어에 대한 내용을 꾸며냈다고 생각했다. 그러나 2016년 미국 내슈빌에 위치한 밴더빌트대학교의 켄 카타니아라는 과학자가 마침내 내 목격담이 사실이었음을 밝혀냈다.

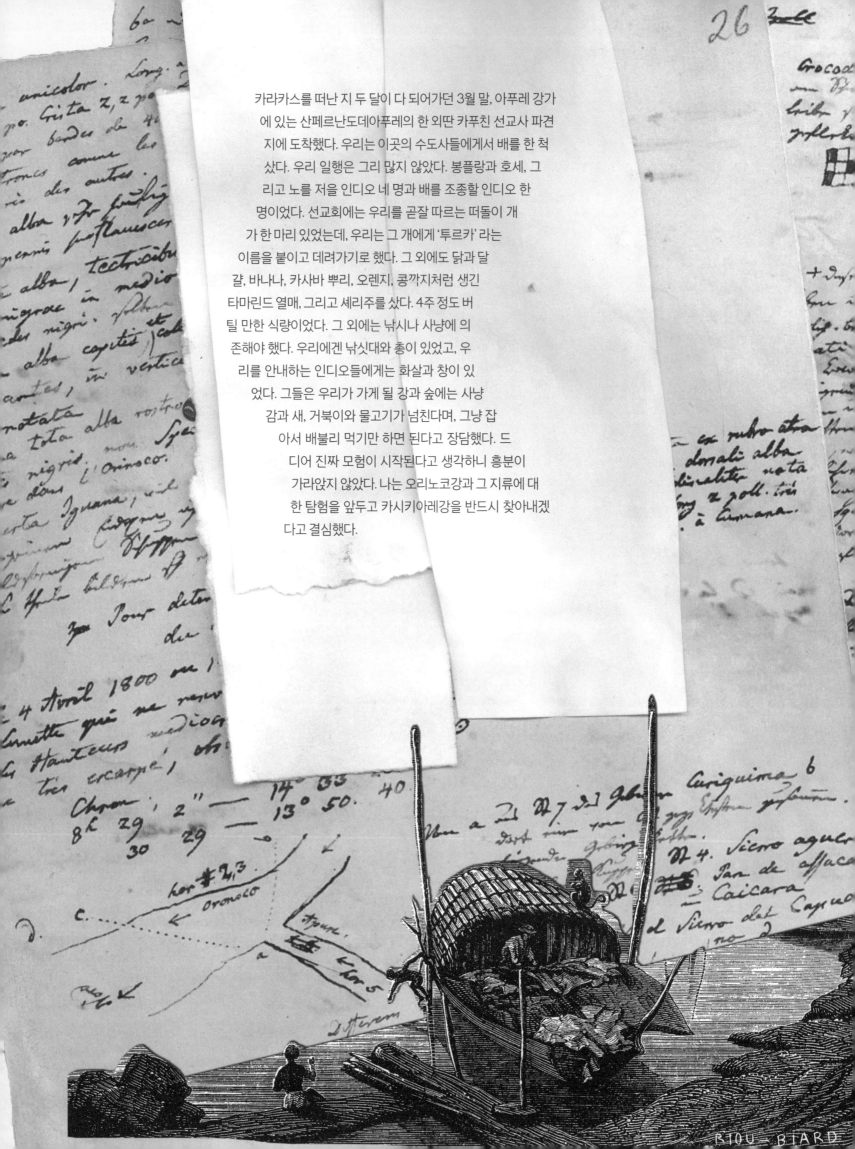

카라카스를 떠난 지 두 달이 다 되어가던 3월 말, 아푸레 강가에 있는 산페르난도데아푸레의 한 외딴 카푸친 선교사 파견지에 도착했다. 우리는 이곳의 수도사들에게서 배를 한 척 샀다. 우리 일행은 그리 많지 않았다. 봉플랑과 호세, 그리고 노를 저을 인디오 네 명과 배를 조종할 인디오 한 명이었다. 선교회에는 우리를 곧잘 따르는 떠돌이 개가 한 마리 있었는데, 우리는 그 개에게 '투르카'라는 이름을 붙이고 데려가기로 했다. 그 외에도 닭과 달걀, 바나나, 카사바 뿌리, 오렌지, 콩까지처럼 생긴 타마린드 열매, 그리고 셰리주를 샀다. 4주 정도 버틸 만한 식량이었다. 그 외에는 낚시나 사냥에 의존해야 했다. 우리에겐 낚싯대와 총이 있었고, 우리를 안내하는 인디오들에게는 화살과 창이 있었다. 그들은 우리가 가게 될 강과 숲에는 사냥감과 새, 거북이와 물고기가 넘친다며, 그냥 잡아서 배불리 먹기만 하면 된다고 장담했다. 드디어 진짜 모험이 시작된다고 생각하니 흥분이 가라앉지 않았다. 나는 오리노코강과 그 지류에 대한 탐험을 앞두고 카시키아레강을 반드시 찾아내겠다고 결심했다.

이미 봐서 알겠지만 나는 가능한 모든 것을 측정했다. 다양한 장비를 챙겨 다니는 것도 측정을 위해서였다. 나는 언제나 모든 것을 재고 측정했다. 유럽에 있을 때도 뇌우가 내리는 날이면 장비를 들고 나가 대기 중의 전기를 측정했고, 스위스 알프스의 미끄러운 산들도 장비를 메고 올랐다. 남아메리카에 와서는 고온 건조한 야노스 평원의 온도를 측정하고 열대우림의 습도를 측정했다. 나중에 러시아에 갔을 때는 중국 국경 근처의 알타이산맥에 자기장 측정 장치를 가지고 올라가기도 했다. 하지만 가장 기억에 남는 것은 템스강 바닥에 내려갔던 때다. 남아메리카 탐험이 끝난 후 런던에 머물 때 이점바드 킹덤 브루넬이라는 젊은 공학자를 만났다. 브루넬은 템스강 바닥에 터널을 뚫는 야심찬 작업을 하고 있었다. 건설 중인 터널에 자꾸만 물이 스며들자 터널을 외부에서 점검하기로 했는데, 고맙게도 그 작업에 나를 초대해 주었다. 우리는 크레인에 연결된 거대한 다이빙 벨을 타고 템스강 바닥으로 내려가 수면 아래 11미터 지점에서 40분간 머물렀다. 머리 위로는 오직 강물이 흐르는 으스스한 어둠 속에 있자니 어딘가 불편했지만, 나는 그곳에서 드디어 수면 아래의 기압과 안데스에서의 측정치를 비교해볼 수 있었다. 인상적인 경험이었지만 이제 딴 이야기는 그만하고 다시 남아메리카 이야기로 돌아가겠다.

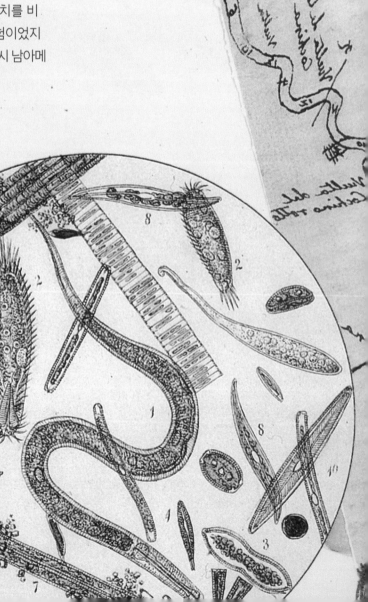

저기 재규어가 있습니다!

가까이 가볼까?

엄청 크군.

재규어가 배를 공격하는 일은 드물다고 했어.

그 말이 맞기를 빌어보자고.

나는 나를 둘러싼 세상을, 그리고 자연의 모든 것이
연결되는 방식을 이해하고 싶었고 갈망했다. 우리는 천천히 노를 저어
재규어에게 다가갔다. 재규어는 카피바라를 한 마리 잡아놓고 있었는데,
노 젓는 소리를 듣고는 덤불 속으로 사라졌다. 재규어가 사라지자
독수리들이 달려들어 카피바라를 먹기 시작했다. 그러나 얼마 지나지 않아
재규어가 다시 나타났다. 재규어는 카피바라 근처에 모여든 독수리 떼
한가운데로 단번에 뛰어들어 자기 먹이를 낚아채더니
유유히 정글 속으로 끌고 들어갔다.

하루는 무시무시한 소리에 놀라 잠에서 깼다. 그 소리는 위에서, 뒤쪽에서, 가까
이서, 그리고 멀리서 들려오고 있었다. 고함원숭이가 큰 소리로 울부짖고, 수천
마리의 새가 나무에서 끽끽거렸다. 재규어와 퓨마의 으르렁거림에 카피바라의
쿵쿵거리는 발소리가 섞여 들려왔고, 페커리와 나무늘보, 봉관조들도 각자 울어
댔다. 열대의 숲은 살아 숨 쉬고 있었다. 우리는 밤이 되면 동물들을 쫓기 위해 해
먹 근처 군데군데에 불을 피우곤 했다.

찰스 다윈은 자연에대한 내 생각에 주목했다.

한 가지 알아두어야 할 것은 정글은 에덴동산이 아니라는 사실이다. 정글의 동물들은 생존을 위해 싸운다. 나는 정글에서 동물들의 전투를 자주 목격했다. 어느 정글 언저리에서는 악어를 피해 강에서 도망쳐 나온 카피바라가 땅 위에서 기다리던 재규어에게 잡아먹히는 것을 보기도 했다. 식물들 또한 생존 투쟁의 일부분이었다.

훔볼트이 《신변기》를 읽고 감명을 받아 먼 나라에 가보 겠다고 결심하게 됐지. 비글호에 타게 된 것도 훔볼트의 영향이있어.

봉플랑, 저것 좀 보게. 동물들이 서로를 두려워하며 피하고 있어.

놀랍군. 훔볼트는 동물들이 서로를 먹이로 삼는 모습을 설명하고 있어. 이게 바로 개체의 '적극적' 제어야.

열대우림에서는 덩굴식물이 커다란 나무를 옭죄어 죽이는 일도 다반사였다. 나는 자연이라는 생명의 망이 피비린내 나는 전투의 현장이라는 것을 깨달았다. 동물과 식물의 개체 수는 상호압력을 통해 통제되었다. 내가 떠올린 이러한 생각은 당시 세상에 널리 퍼져 있던 통념과는 달랐다. 당시에는 모든 동식물이 하늘로부터 부여받은 자신만의 위치를 지니고 있고, 이러한 동식물로 구성된 자연은 기름칠을 한 기계처럼 작동한다는 생각이 지배적이었다.

약 반 세기 전 스웨덴의 학자 린네는 매는 작은 새를 잡아먹고, 작은 새는 거미를 잡아먹고, 거미는 잠자리를 잡아먹고, 잠자리는 말벌을 잡아먹고, 말벌은 진딧물을 잡아먹는 것을 예로 들며, 신이 정한 먹이사슬이라는 개념을 설명했다. 린네는 그러한 먹이사슬을 조화로운 균형으로 보았다. 각각의 동물에게는 신이 부여한 목적이 있으며, 안정적인 균형을 영속적으로 유지하기 위해 정해진 적절한 규모로 재생산된다는 의미였다.

하지만 난 그 의견에 찬성하지 않는다.

"모든 동물과 식물은 복잡한 관계의 망으로 연결되어 있다."

다윈은 내 저서를 읽으며 요러 군데에 밑줄을 쳤다.

"종種의 점진적인 변화"

강에서는 인간의 살을 좋아하는 피라냐를 조심해야 했다. 우리를 안내했던 인디오들은 피라냐에
물려 생긴 흉터를 자랑스럽게 보여주었다.

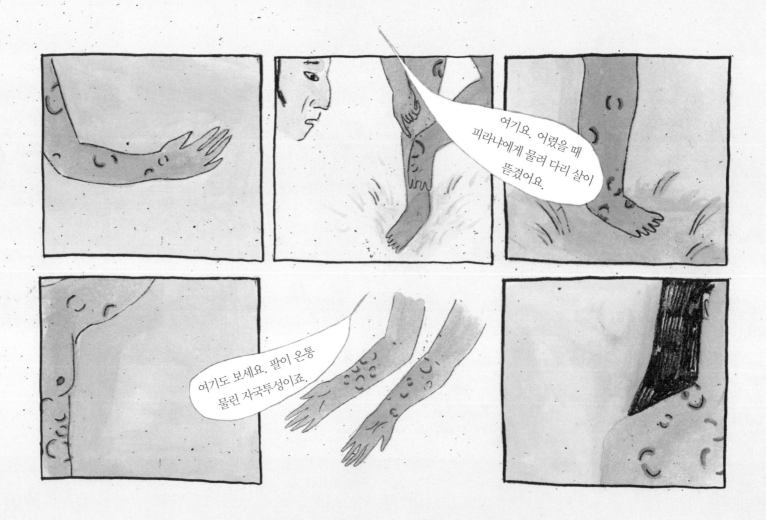

봉플랑은 엄청난 습도와 모기들의 끈질긴 공격 속에서
채집한 식물들을 압착하고 건조하느라 고군분투했다.
그러다 현지인의 제안으로 오르니토를 이용하게 됐다.
오르니토는 창이 없는 작은 방 모양인데, 주로 화덕으로
사용되는 공간이었다. 봉플랑의 모습은 보기에도 딱할
정도였다. 푹푹 찌는 섭씨 30도의 날씨에 오르니토 안으
로 기어들어가 채집한 식물을 늘어놓고는 불을 피워 연
기를 냈다. 모기를 쫓는 데는 꽤 효과적이었지만, 봉플랑
에게는 견디기 힘든 고통이었을 것이다.

아푸레강을 따라 며칠 더 내려
간 끝에 우리는 오리노코강에
도착했다. 조종을 맡은 인디오
는 과감한 조종 솜씨를 뽐내고
싶었는지 배를 거칠게 몰기 시
작했다.

사고가 나고 며칠 후, 우리는 아투레스 급류와 마이푸레스 급류가 시작되기 전에 있는 마지막 선교지에 다다랐다. 우리가 타고 간 배는 너무 커서 급류로 진입할 수가 없었다. 다행히 선교지에서 작은 카누를 살 수 있었고, 선교사 중 한 명인 세아 신부가 일행으로 합류했다.

깊은 곳으로 들어갈수록 물살이 거칠어졌고, 야영할 장소를 찾는 것도 점점 힘들어졌다.

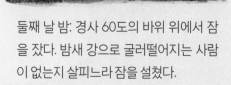

첫째 날 밤: 강 한가운데의 화강암 바위 위에서 잠을 잤다. 바위틈에 숨어 있던 박쥐들 탓에 잠을 설쳤다.

둘째 날 밤: 경사 60도의 바위 위에서 잠을 잤다. 밤새 강으로 굴러떨어지는 사람이 없는지 살피느라 잠을 설쳤다.

셋째 날 밤: 폭풍우에 카누가 유실될 뻔했다.

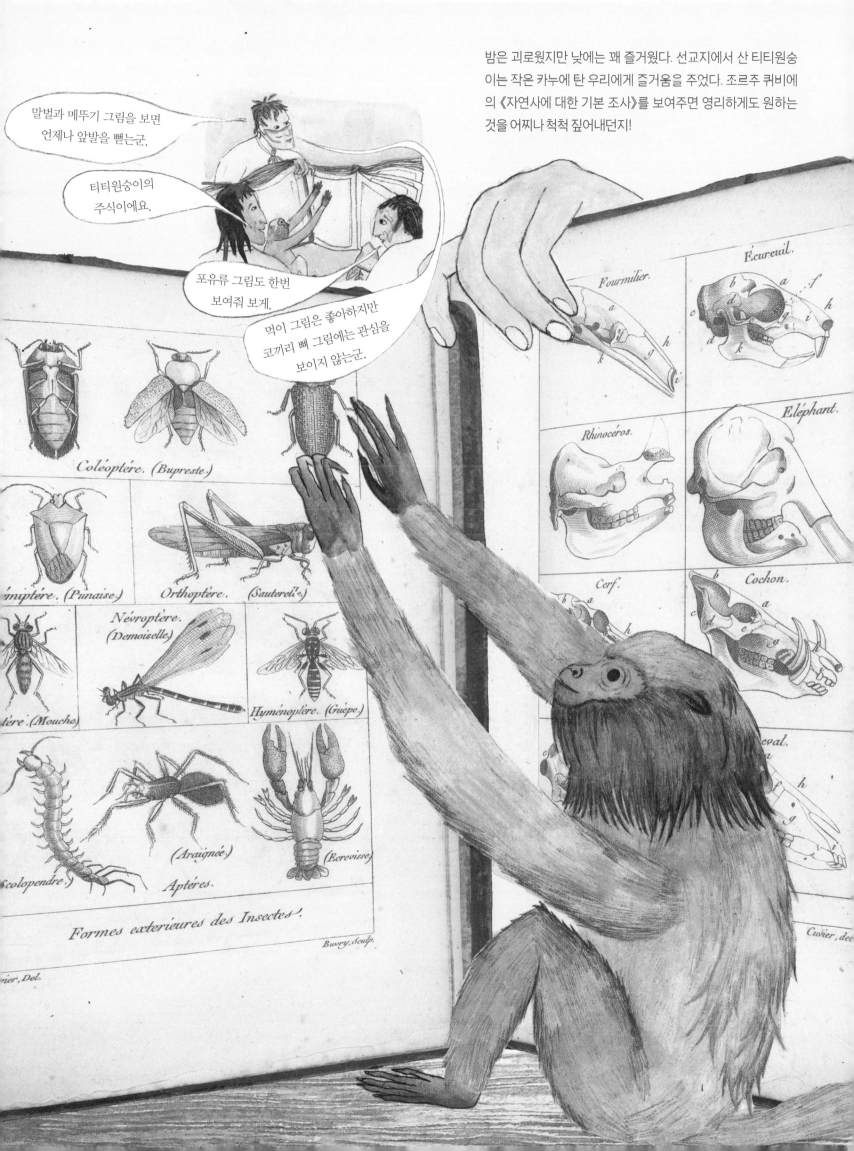

우리는 4월 중순경 아투레스 급류에 도착했다. 오리노코 강은 이 지점에서 여러 갈래로 갈라지며 산맥 사이를 통과했는데, 여기저기 거친 소용돌이가 도사리는 물길은 마치 미로 같았다. 배로 그 물길을 건너는 것은 도저히 불가능했다. 우리는 모든 짐을 챙겨 층층이 떨어지는 폭포 옆을 지나 육로로 이동하기 시작했다. 거기서부터는 진정한 미지의 땅이었다. 세아 신부는 그 지점 너머에 존재하는 원주민들은 우리를 이해하지 못할 것이고, 우리도 그들을 이해하지 못할 것이라고 경고했다.

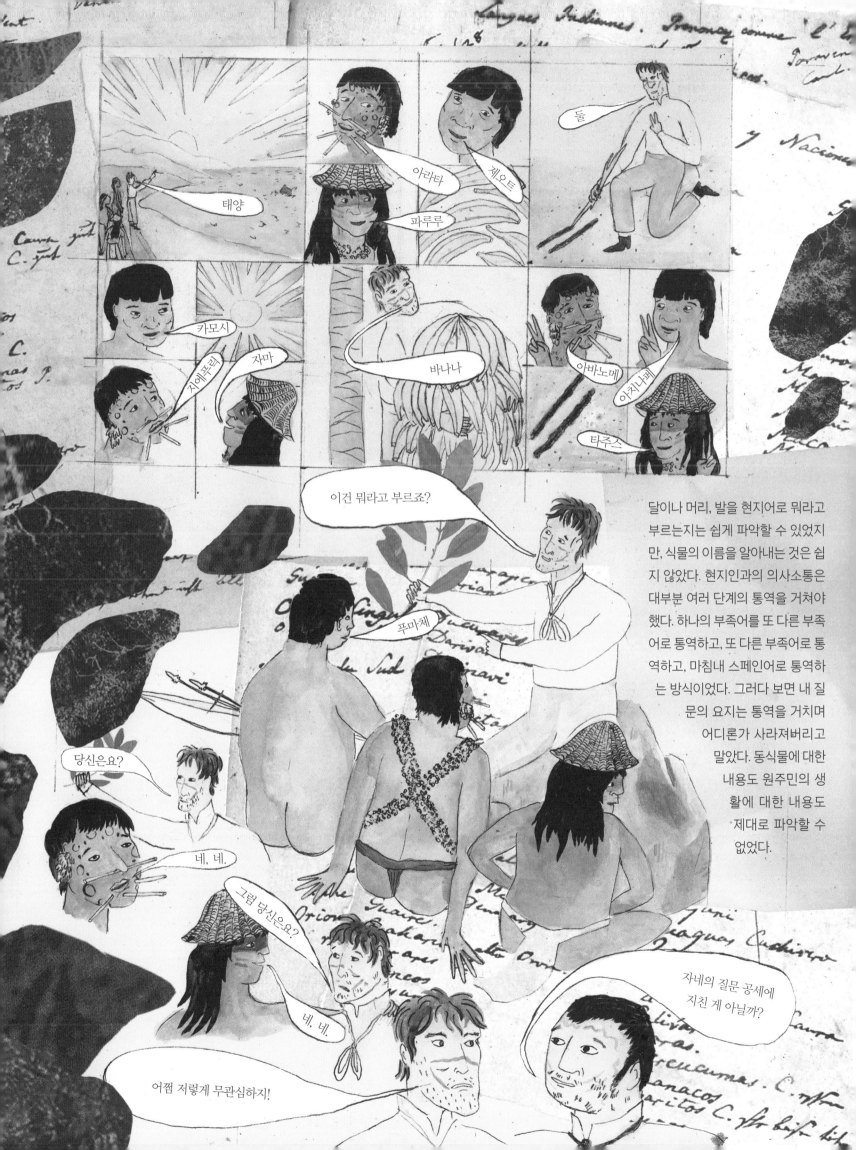

달이나 머리, 발을 현지어로 뭐라고 부르는지는 쉽게 파악할 수 있었지만, 식물의 이름을 알아내는 것은 쉽지 않았다. 현지인과의 의사소통은 대부분 여러 단계의 통역을 거쳐야 했다. 하나의 부족어를 또 다른 부족어로 통역하고, 또 다른 부족어로 통역하고, 마침내 스페인어로 통역하는 방식이었다. 그러다 보면 내 질문의 요지는 통역을 거치며 어디론가 사라져버리고 말았다. 동식물에 대한 내용도 원주민의 생활에 대한 내용도 제대로 파악할 수 없었다.

나는 강을 따라 이동하며 강가에 사는 다양한 원주민들을 관찰하고 싶었다. 그러나 이미 많은 부족이 유럽 선교사에게 시달리다 깊은 숲속으로 들어간 후였다. 선교사들은 돈도 주지 않고 원주민들에게 강제로 일을 시켰다. 돈을 주는 경우에도 푼돈인 경우가 대부분이었다. 그래 놓고 원주민들을 게으르다며 비난했다. 원주민들은 필요하면 새벽 2시부터 해가 질 때까지 거친 급류를 거슬러 오르며 노를 저을 수도 있는 사람들이었다. 대체 어떤 면에서 게으르단 말인가? 나는 성직자라는 사람들이 원주민을 부당하게 대하는 모습을 여러 번 목격했다. 내가 종교에 시간을 낭비하지 않는 이유도 바로 그 때문이다. 하지만 지금 굳이 그런 이야기를 자세히 할 필요는 없으니 넘어가도록 하자.

나는 우주 전체에 대한 내용을 다룬 방대한 책 《코스모스》를 집필하며 '신'이라는 단어를 단 한 번도 쓰지 않았다는 사실에 꽤 큰 자부심을 가지고 있다. 모두가 《코스모스》에 찬사를 보내지는 않았다. 한 비평가는 내가 '악마와 계약을 맺었다'며 비난하기도 했다. 굳이 따지자면, 악마와 손을 잡은 쪽은 내가 아니라 선교사들이었다. 어쨌든 나는 교회에서 설교를 듣는 것보다는 원주민들의 자연 숭배에 대해 듣는 것에 더 관심이 많았다. 자연에 대한 원주민들의 지식은 인상적이었다. 그들은 훌륭한 관찰자였다.

당신네 신은 병약한 노인처럼 집안에 갇혀 있군요. 우리가 모시는 신들은 숲에, 들판에, 그리고 비가 내리는 산에 있답니다.

계곡과 숲이 우리의 신성한 장소죠.

원주민들 말로는 나무껍질 맛으로 나무의 종류를 구분할 수 있다는데?

정말? 한번 해보세.

음, 텁텁한 맛이군.

이것도 마찬가지야.

이것도 그냥 이상한 맛이고.

열다섯 번을 해봐도 모르겠군. 그냥 다 맛이 없어.

우리는 몇 주 동안 오
리노코강과 그 지류인 아타바
포강, 그리고 네그루강을 따라 내
려간 끝에 카시키아레강의 입구를 발
견했다. 그곳에서 보낸 밤들은 최악이
었다. 어느 날 밤엔 어둠에 휩싸인 야영지
근처에서 재규어가 우는 소리가 들렸다.
다음 날 아침, 데리고 다니던 개 투르카가
보이지 않았다. 온종일 찾아봤지만 투르카
의 털끝조차 볼 수 없었다. 상황은 점점 나
빠졌고, 곧 식량마저 모조리 바닥났다.
모기는 여전히 우리를 괴롭혔고, 나무가
너무 축축해서 밤에 불을 피울 수도 없었다.

파리의 친구들이
우리를 보면 뭐라고 할까?

지금쯤 근사한
저녁식사를 즐기고 있겠지?
구운 오리고기… 베샤멜소스를
곁들인 감자 요리…

보르도 와인도 한 잔…

거울에 반사되는 촛불과
즐거운 대화…

그만하게, 훔볼트.
너무 괴롭군.

카시키아레강을 따라 노를 저은 지 열흘 만에 우리는 다시 오리노코강에 합류했다. 이로써 카시키아레가 네그루강을 통해 아마존과 오리노코를 연결한다는 사실이 분명히 확인되었다.

우리는 가끔 나타나는 마을을 방문하기도 했다. 카시키아레로부터 32킬로미터가량 올라간 곳에 위치한 에스메랄다 마을에서는 원주민들이 우리를 위해 연회를 열어 주었다.

봉플랑은 원숭이를 통째로 굽는 광경에 경악했다. 특히 원주민들이 팔이나 다리를 통째로 뜯어먹는 모습에는 기겁했다. 그러나 봉플랑도 결국 과학자로서의 열정에 굴복하고 말았다.

맙소사, 꼭 어린아이 같은 모습이라 끔찍하군.

나중에 봉플랑은 불에 까맣게 그을린 원숭이 팔을 유럽으로 가져와 서재에 보관했다.

대단하군. 벌써 몇 년이나 지났는데 원숭이 팔에서 아무 냄새도 안 나다니.

에스메릴다를 떠난 지 며칠 후, 우리는 아투레스 급류의 동쪽 기슭에 상륙하여 아타루이페 동굴로 올라갔다. 동굴은 사라진 아투레스 부족의 공동 매장지였다.

가지고 가면 안 돼요!

우리 조상님들이라고요.

저렇게 많이 있잖나. 백골 세 구 가져간다고 큰일이 나지는 않을 걸세. 과학의 발전을 위해서는 가끔 희생도 필요한 법이야.

나를 잔인하다고 비난할지도 모르겠다. 실제로 인디오들은 우리의 행동을 불쾌하게 생각했다. 나는 열심히 설명했으나 그들은 이해하지 못했다. 하지만 결국 다 소용없는 일이 되었다. 이 백골들을 싣고 가던 배가 아프리카 근처에서 침몰해 결국은 모두 사라지고 말았기 때문이다.

처음 산페르난도데아푸레를 떠난 후 75일에 걸쳐 장장 2,253킬로미터를 이동한 끝에 우리는 앙고스투라에 도착했다. 오리노코강 기슭에 위치한 앙고스투라는 스페인령 가이아나의 수도였다. 천신만고 끝에 도착한 우리에게는 인구 6,000명의 그 작은 도시가 휘황찬란한 대도시처럼 느껴졌다. 조잡하고 누추한 건물도 웅장한 건축물로 보였고, 누구와 대화해도 재치 있고 교양 있는 모습에 깜짝 놀랐다.

*앙고스투라는 현재 시몬 볼리바르의 이름을 따서 시우다드볼리바르가 되었다.

앙고스투라에서 다시 쿠마나로 돌아간 여정에 대해서는 굳이 길게 적지 않겠다. 중요한 것은 봉플랑이 열병에서 회복되었다는 사실이다. 봉플랑은 열병에 시달리는 중에도 쾌활함을 잃지 않았다.

7월 말, 우리는 해안 도시인 누에바 바르셀로나로 나가 쿠마나로 가는 배를 탔다. 해적에게 납치당할 뻔한 위기를 겪기도 했다. 정기 우편선의 운항을 기다리지 못하고 밀수업자에게 배를 수배해달라고 부탁한 게 문제였다. 하지만 다행히도 홀연히 나타난 영국 함선 한 대가 우리를 구해주었다. 알고 보니 함선을 이끄는 가르니에 선장 또한 탐험을 즐기는 사람으로, 유럽에서 내 탐험에 관한 글을 읽어본 적이 있다고 했다. 선장은 흔쾌히 우리를 쿠마나까지 데려다주었다. 쿠마나에서 쿠바로 가는 배편을 구하는 것은 쉽지 않았다. 우리는 몇 주간의 고생 끝에 미국 배에 자리를 얻었다. 쿠바로 가는 배에 오르기 전에 원숭이와 오리노코에서 데려온 새들을 유럽행 배에 태웠다. 유럽의 동물학자들에게 마법과도 같은 신세계를 보여주기 위해서였다.*

*안타깝게도 동물들은 긴 항해 도중 죽고 말았다. 그러나 그 가죽은 파리까지 전해져 자연사 박물관에 전시되었다.

1800년 11월 17일

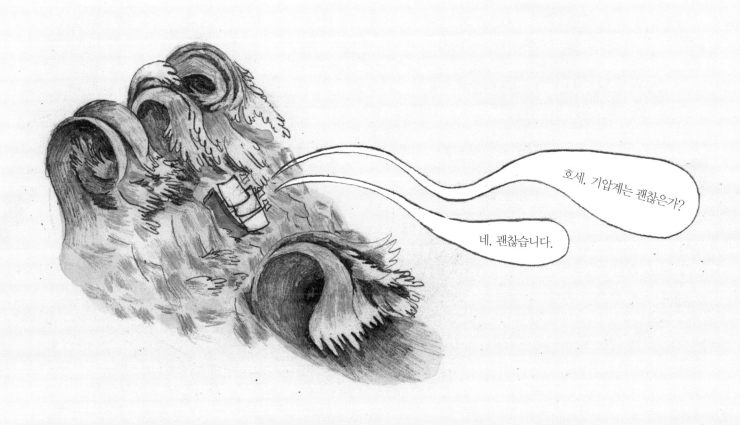

그리고 큰 폭풍우가 몰아쳤다.

꽤 거센 폭풍 속에서 카리브해를 건넌 우리는 12월 19일 쿠바에 도착해 약 석 달간 머물렀다. 아바나는 당시 스페인 해군의 서반구 주요 군항으로, 아메리카 대륙에서 가장 붐비는 항구였다. 도시는 정신없고 지저분했으며 시끄러웠다.

나는 쿠바에서 수집품들을 분류하고 정리하는 한편 유럽으로 편지를 보냈다. 스페인을 떠난 지 1년 반이 넘었는데, 그동안 유럽에서 온 편지는 한 통뿐이었다. 다들 어떻게 지내는지 궁금했다. 빌헬름 형은 아직 파리에 살고 있을까?

괴테는 새로운 희곡으로 찬사를 받았을까? 혹시 어떤 천문학자가 새로운 행성을 발견하거나 어떤 수학자가 새로운 자연법칙을 발견하지는 않았을까? 유럽에서는 어떤 일이 일어나고 있을까? 마치 달에 사는 사람처럼 고립된 기분이었다.

커피가 정말 맛있군. 마치…

햇빛을 응축한 것 같아.

!

봉플랑!

VOYAGE OF DISCOVERY.

이것 좀 보게!

All the papers have spoken of the voyage of Discovery to be undertaken by the two French ships Naturaliste and Geographe, under the command of captain Baudin.

보댕 선장의 원정대 기억하나? 우리가 파리에서 처음 만났을 때 합류하려다 무산된 그 원정대 말일세.

당연히 기억하지.

One of the objects of the expedition is, to establish in a positive manner the navigation of New Holland.

신문을 보니 보댕의 원정대가 결국 출항했다는군. 지금 남아메리카로 오는 길이고, 여기서는 남태평양을 건너 호주로 간다네.

따로 하고 싶은 말이 있는 겐가?

The French government have adopted all the means in their power to render the voyage useful to natural history, and to the knowledge of the manners of savage life.

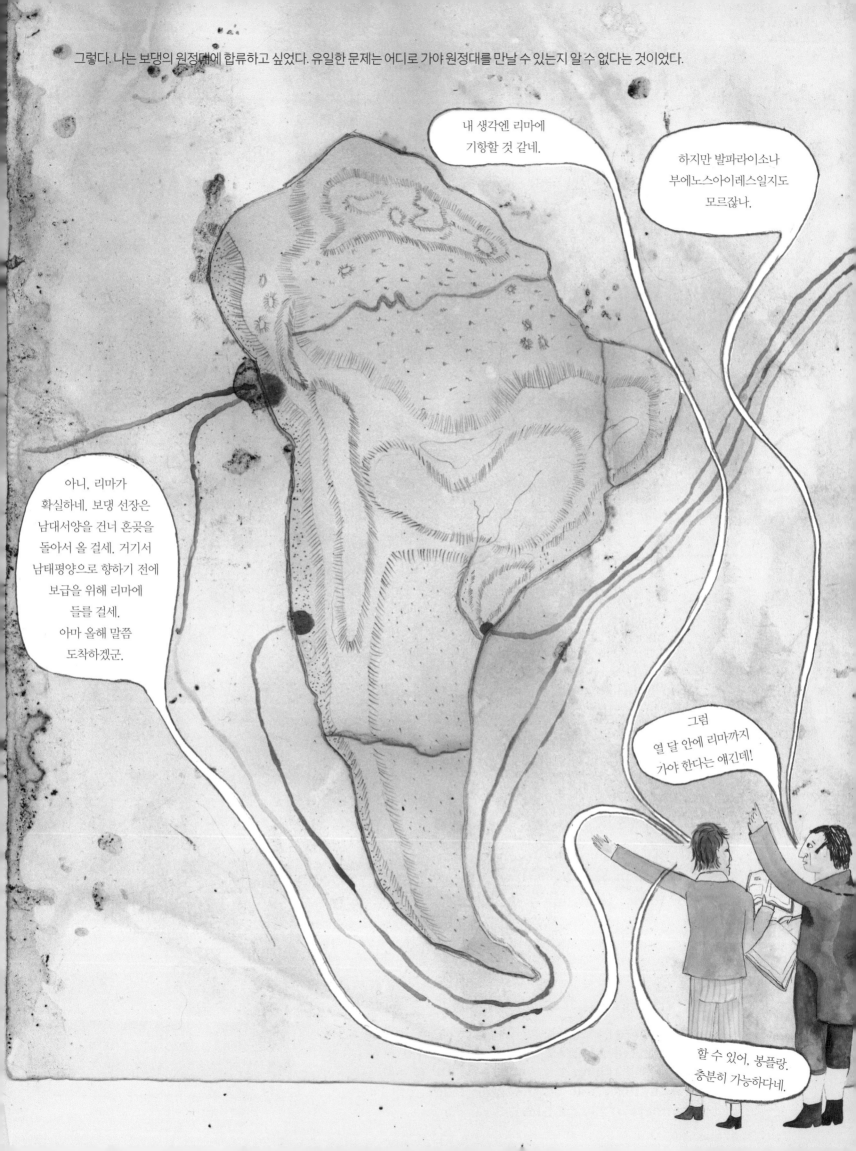

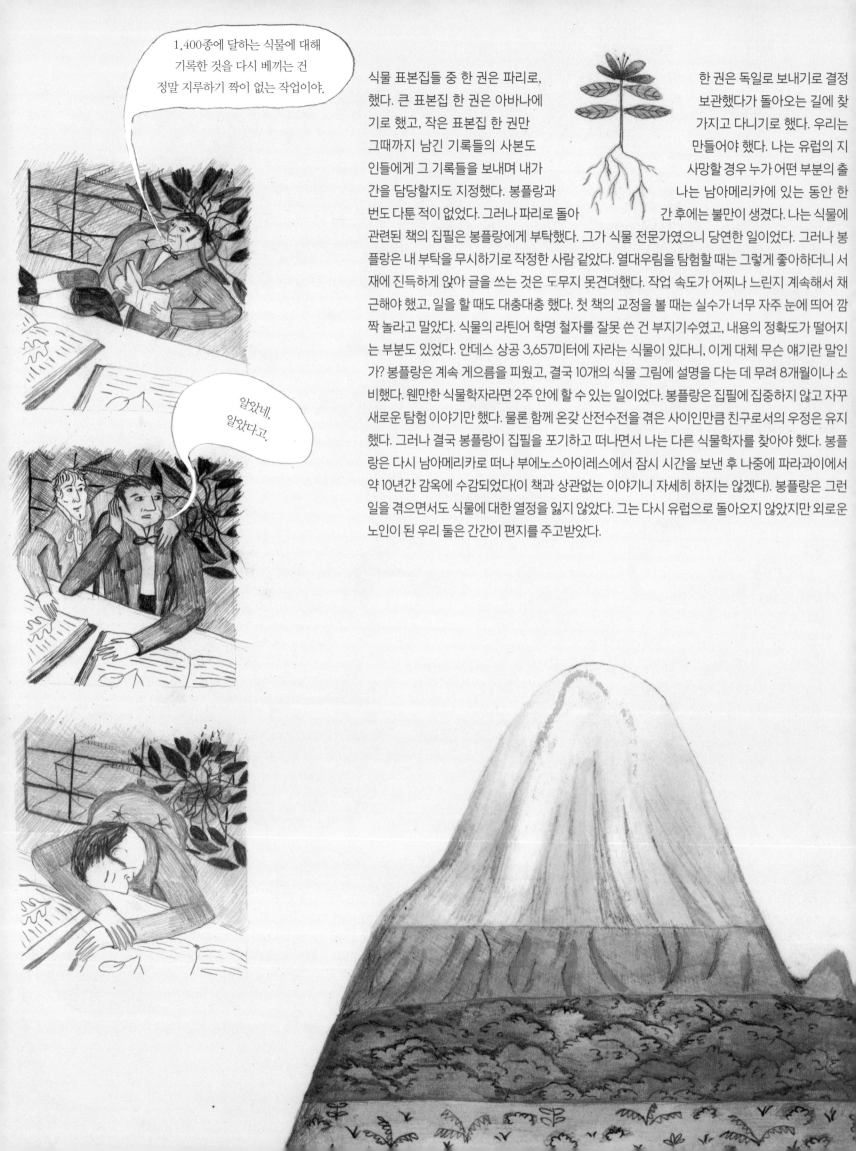

식물 표본집들 중 한 권은 파리로, 했다. 큰 표본집 한 권은 아바나에 기로 했고, 작은 표본집 한 권만 그때까지 남긴 기록들의 사본도 인들에게 그 기록들을 보내며 내가 간을 담당할지도 지정했다. 봉플랑과 번도 다툰 적이 없었다. 그러나 파리로 돌아 한 권은 독일로 보내기로 결정 보관했다가 돌아오는 길에 찾 가지고 다니기로 했다. 우리는 만들어야 했다. 나는 유럽의 지 사망할 경우 누가 어떤 부분의 출 나는 남아메리카에 있는 동안 한 간 후에는 불만이 생겼다. 나는 식물에 관련된 책의 집필은 봉플랑에게 부탁했다. 그가 식물 전문가였으니 당연한 일이었다. 그러나 봉플랑은 내 부탁을 무시하기로 작정한 사람 같았다. 열대우림을 탐험할 때는 그렇게 좋아하더니 서재에 진득하게 앉아 글을 쓰는 것은 도무지 못견뎌했다. 작업 속도가 어찌나 느린지 계속해서 채근해야 했고, 일을 할 때도 대충대충 했다. 첫 책의 교정을 볼 때는 실수가 너무 자주 눈에 띄어 깜짝 놀라고 말았다. 식물의 라틴어 학명 철자를 잘못 쓴 건 부지기수였고, 내용의 정확도가 떨어지는 부분도 있었다. 안데스 상공 3,657미터에 자라는 식물이 있다니, 이게 대체 무슨 얘기란 말인가? 봉플랑은 계속 게으름을 피웠고, 결국 10개의 식물 그림에 설명을 다는 데 무려 8개월이나 소비했다. 웬만한 식물학자라면 2주 안에 할 수 있는 일이었다. 봉플랑은 집필에 집중하지 않고 자꾸 새로운 탐험 이야기만 했다. 물론 함께 온갖 산전수전을 겪은 사이인만큼 친구로서의 우정은 유지했다. 그러나 결국 봉플랑이 집필을 포기하고 떠나면서 나는 다른 식물학자를 찾아야 했다. 봉플랑은 다시 남아메리카로 떠나 부에노스아이레스에서 잠시 시간을 보낸 후 나중에 파라과이에서 약 10년간 감옥에 수감되었다(이 책과 상관없는 이야기니 자세히 하지는 않겠다). 봉플랑은 그런 일을 겪으면서도 식물에 대한 열정을 잃지 않았다. 그는 다시 유럽으로 돌아오지 않았지만 외로운 노인이 된 우리 둘은 간간이 편지를 주고받았다.

우리는 1801년 3월 9일에 쿠바를 떠났다.

그리고 악천후 속에 20일을 항해한 끝에 카르타헤나에 도착했다.

CARTHAGENE

카르타헤나에서 머문 숙소는 끔찍했다. 해먹에서 잠을 자는데 천장에서 커다란 뱀이 떨어져 깜짝 놀라기도 했고, 박쥐들 때문에 잠을 설치기도 했다. 그나마 낮에는 좀 나았지만 만나는 사람마다 격식을 차리며 젠체하기 일쑤라 정신적으로 피곤했다.

그중에서도 여자들이 특히 피곤했다. 카르타헤나의 여자들은 하나같이 스페인 왕비 얘기나 마드리드 왕궁 얘기만 하고 싶어 했다.

마드리드에 계실 때 마리아 루이사 왕비를 알현했나요?

자세히 안 봐서 모르겠네요.

네, 잠깐 만나봤죠.

어떤 옷을 입었던가요?

왕비님을 수행하는 숙녀들은 아름답다던데?

글쎄… 기억이 안 나네요.

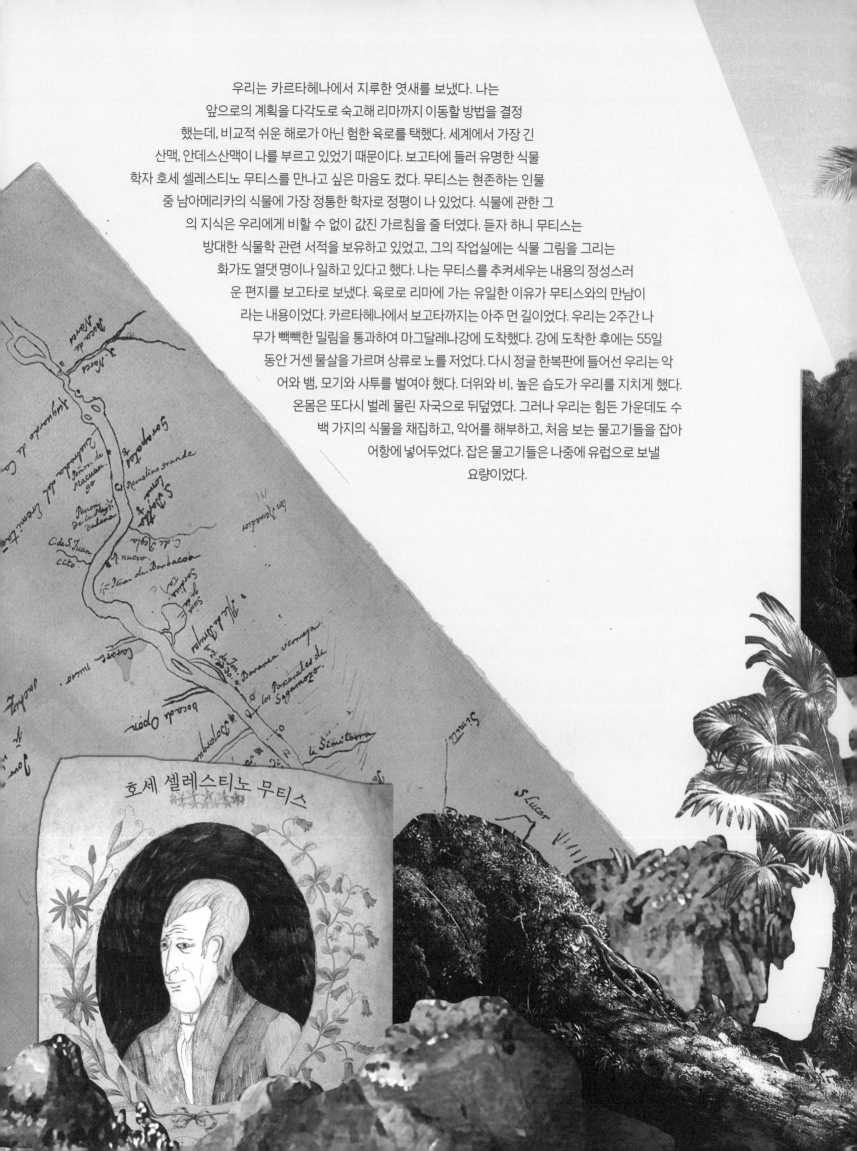

우리는 카르타헤나에서 지루한 엿새를 보냈다. 나는
앞으로의 계획을 다각도로 숙고해 리마까지 이동할 방법을 결정
했는데, 비교적 쉬운 해로가 아닌 험한 육로를 택했다. 세계에서 가장 긴
산맥, 안데스산맥이 나를 부르고 있었기 때문이다. 보고타에 들러 유명한 식물
학자 호세 셀레스티노 무티스를 만나고 싶은 마음도 컸다. 무티스는 현존하는 인물
중 남아메리카의 식물에 가장 정통한 학자로 정평이 나 있었다. 식물에 관한 그
의 지식은 우리에게 비할 수 없이 값진 가르침을 줄 터였다. 듣자 하니 무티스는
방대한 식물학 관련 서적을 보유하고 있었고, 그의 작업실에는 식물 그림을 그리는
화가도 열댓 명이나 일하고 있다고 했다. 나는 무티스를 추켜세우는 내용의 정성스러
운 편지를 보고타로 보냈다. 육로로 리마에 가는 유일한 이유가 무티스와의 만남이
라는 내용이었다. 카르타헤나에서 보고타까지는 아주 먼 길이었다. 우리는 2주간 나
무가 빽빽한 밀림을 통과하여 마그달레나강에 도착했다. 강에 도착한 후에는 55일
동안 거센 물살을 가르며 상류로 노를 저었다. 다시 정글 한복판에 들어선 우리는 악
어와 뱀, 모기와 사투를 벌여야 했다. 더위와 비, 높은 습도가 우리를 지치게 했다.
온몸은 또다시 벌레 물린 자국으로 뒤덮였다. 그러나 우리는 힘든 가운데도 수
백 가지의 식물을 채집하고, 악어를 해부하고, 처음 보는 물고기들을 잡아
어항에 넣어두었다. 잡은 물고기들은 나중에 유럽으로 보낼
요량이었다.

호세 셀레스티노 무티스

6월 15일, 우리는 마그달레나 강변에 위치한 혼다라는 작은 나루터 마을에 도착했다. 혼다에서 보고타가 위치한 고원까지 이어지는 길의 상태는 끔찍했다. 사실 길이라기보다는 아찔한 비탈에 거칠게 깎아놓은 좁은 통로에 가까웠다. 봉플랑은 구토에 시달리며 희박한 공기 속에서 걷기 위해 안간힘을 써야 했다.

1801년 7월 8일.
마침내 우리는 성대한 환영을 받으며 보고타에 도착했다. 들리는 말에 따르면 우리의 환영 행사는 적어도 20년 내에 있었던 행사 중 가장 성대하고 요란스러웠다고 한다.

보고타에 머무는 동안 봉플랑의 열병이 다시 도졌고, 결국 몇 주 동안 앓아눕고 말았다. 나는 봉플랑이 회복하길 기다리며 보고타 주변을 둘러보았다.

캄포 데 기간테스에서는 코끼리의 선조 격인 마스토돈의 뼈 화석과 상아를 발견했다.

스페인 사람들이 엘도라도가 있다고 믿었던 과타비타 호수도 가보았다.

높이가 152미터에 달하는 테켄다마 폭포를 스케치하기도 했다. 하지만 아무래도 폭포보다는 오리노코강에서 본 아투레스 급류와 마이푸레스 급류의 거친 모습이 더 마음에 들었다.

Vue du Lac de Guatavita

9월 8일, 우리는 두 달 만에 보고타를 떠났다. 마침내 보댕 선장을 만나기 위해 리마로 가는 본격적인 여정이 시작됐다. 날씨는 정말 끔찍했다.

1859년, 미국의 화가인
프레더릭 에드윈 처치는 내 탐험을 바탕으로
〈안데스의 심장〉이라는 유화를 그렸다네. 처치는 내가 이동했던 경로를
그대로 따라서 여행하며 남아메리카를 관찰했고, 내가 이야기한 모든 것을
화폭에 옮겨 가로 304센티미터, 세로 167센티미터의 대작을 완성했지.
작은 식물들부터 웅장한 산맥에 이르기까지 과학적으로 정확하게 묘사된
처치의 작품에는 내가 강조한 자연의 상호관련성 개념이 생생하게 표현되어 있었어.
작품을 완성한 후 친구에게 쓴 편지를 보면, 처치는 그 그림을
베를린에 있던 내게 보내고 싶어 했더군.
물론 작품이 완성되기 사흘 전에
내가 죽었다는 사실을 모르고 말이야.

오늘날 그 그림은 뉴욕의
메트로폴리탄 미술관에 걸려 있다네.

우리는 느리게 앞으로 나아갔다.

고원에 위치해 추운 보고타에서

덥고 습한 열대의 마그달레나 계곡으로

눈과 얼음이 몰아치는 킨디오 패스에서

숨이 막힐 듯 더운 파티아 계곡으로

가끔은
한 치 앞도 보이지 않는 협곡을
손으로 더듬어
건너기도 하고

또 가끔은 멀리서 들려오는 폭포 소리를
들으며 햇빛 가득한 목초지를
건너기도 했다.

창공을 유유히 가로
지르는 콘도르의
모습에 감탄하
기도 했다.

파스토 화산에서는
혀를 날름거리는 불꽃을 보기도 하고

두 달 동안은 밤낮으로 비가 왔다.

그리고 카르타헤나를 떠난 지 9개월째가 되
던 1802년 1월 초, 우리는 키토에 다다랐다.

키토는 아름다운 도시였지만 천주교의 색채가 강하게 느껴졌다. 내가 가본 남아메리카의
어느 도시보다도 많은 수도원과 성당이 있었다. 키토의 총독이던 아귀레 이 몬투파르 후
작은 우리에게 멋진 숙소를 제공하고 여비도 조금 빌려주었다. 나는 모험을 사랑했
지만, 다시 푹신한 침대에서 잠을 자게 되니 기뻤다. 키토의 날씨는 그다지 좋
지 않았다. 남쪽으로 160킬로미터가량 떨어진 리오밤바에서 1797년 큰
지진이 일어난 후 키토의 하늘은 거의 매일 흐렸고, 기온 또한 상
당히 낮아졌다고 했다. 여진이 이어졌지만 키토 주민들
은 잠자는 괴물을 옆에 두고 사는 것에 꽤 익
숙해진 모습이었다.

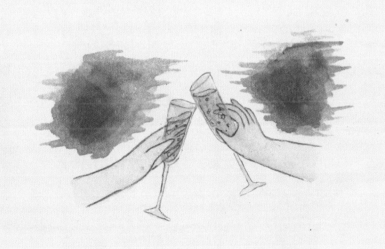

내가 왜 그렇게 화산에 관심이 많은지 궁금할지도 모르겠다. 나는 화산들이 연결되어 있다고 믿는다. 화산은 군집을 이루기도 하고 긴 띠 형태로 존재하기도 하는데, 간혹 꽤 멀리 떨어져서도 띠를 이루기도 한다. 나는 화산들이 땅속에서 서로 연결되어 있을지도 모른다고 생각한다. 이를테면 땅속 깊이 존재하는 거대한 용광로 같은 것을 통해서 말이다. 화산 폭발과 지진, 지진 해일이 종종 동시에 발생하는 것만 봐도 그렇다. 키토는 그 모든 것을 연구하기에 가장 좋은 장소였다. 키토 남쪽으로는 화산으로 이루어진 두 개의 산맥이 쭉 뻗어 있다. 근처에 있는 모든 화산에 오를 작정이다. 하지만 우선 새 친구를 소개하도록 하겠다. 카를로스 몬투파르는 키토 총독의 아들로 22살이며 우리의 탐험에 아주 관심이 많았다. 굳이 덧붙이자면 카를로스는 굉장한 미남이었다.

안티사나 해발고도 5,704미터
나는 봉플랑, 카를로스, 호세와 함께 안티사나 화산을 등반했다. 그렇게 우리는 화산 탐험을 시작했다.

킨디오 패스를 넘을 때보다 바람이 세군. 똑바로 서 있기도 힘들 지경이야.

봉플랑 나리, 모자가!

저녁 무렵, 우리는 힘든 등반 끝에 작은 산장에 도착했다. 키토에서 알게 된 지인의 형제인 호아킨 산체스가 소유한 곳이었다.

지난 몇 주간 카를로스와 함께 다니는 것은 무척 즐거웠다. 카를로스는 똑똑하고 호기심이 강하며 유쾌한 사람이었다. 새로운 것을 배우고자 하는 열정도 컸다. 카를로스는 앞으로 우리의 모험에 쭉 함께하겠다고 약속했다. 그런데 안티사나 화산에 오른 날 몸이 안 좋다고 하던 카를로스는 갑자기 극심한 흉통과 복통을 호소했다.

수년간 많은 사람이 나와 남자들과의 관계에 대해 수군거렸다. 내가 결혼을 하지 않은 것은 사실이지만, 가정을 이루기에는 할 일이 너무 많았다. 지금까지 경험한 바에 따르면, 남자들은 결혼을 하면 갑자기 사라져버리곤 했다. 내가 신뢰하던 친구들 중에도 결혼을 하더니 과학적 발견보다는 사소한 일에 집중하며 시간을 낭비하는 이들이 많았다.

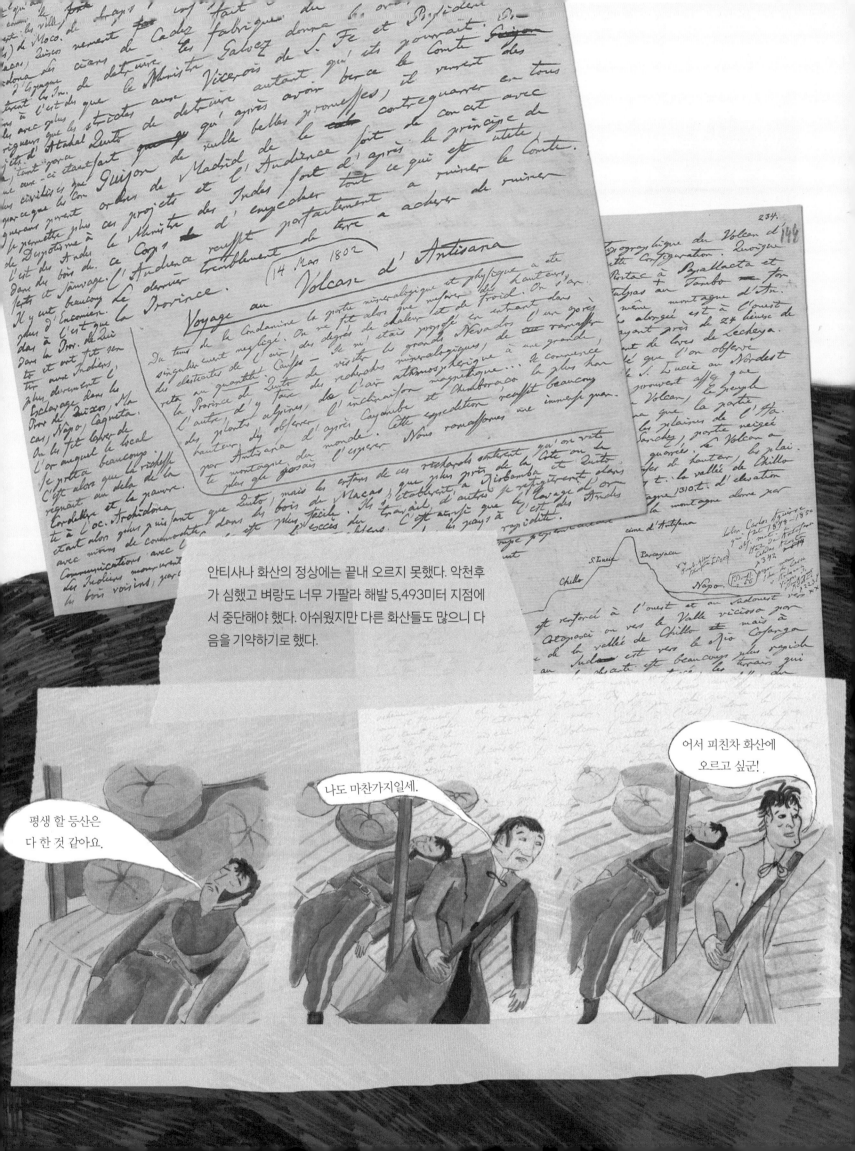

피친차 해발고도 4,784미터, 1차 시도
1802년 4월 14일, 카를로스, 호세와 함께 피친차 등반을 시도했다.

피친차 해발고도 4,784미터, 2차 시도

정상에 오르려던 첫 번째 시도는 해발 4,572미터 지점에 있던 바위 벽에 막혀 좌절되었다. 하지만 나는 다시 한번 시도해보기로 했다. 이번 등반에는 호세만 동행했다.

프랑스의 수학자 샤를르-마리 드 라 콩다민이 피친차를 등반할 때 발견한 분화구까지 꼭 올라가보고 싶었지만, 봉플랑과 카를로스를 설득하지는 못했다.*

*샤를르-마리 드 라 콩다민은 1790년대에 안데스를 등반하며 지구의 모양을 측정했다. 나도 콩다민의 업적이 대단하다고 생각하고 있으니 부디 오해는 없기를 바란다. 나는 그저 콩다민보다 더 대담한 모험으로 더 많은 것을 알아내고 더 영향력 있는 발견을 하려는 것뿐이다.

안개가 너무 짙어서 아무것도 보이지 않았다.

호세?

호세에에에?

바로 몇 발자국 앞에 있어요.

설명하자면 이렇게 된 것이었다. 옆의 그림을 보면 호세가 분화구에 빠지기 직전 어디에 발을 디뎠는지 알 수 있다. 분화구 바로 위쪽 큰 바위 두 개 사이에 작은 바위가 걸쳐져 있고 그 위에 눈이 쌓여 있었는데 호세가 작은 바위를 밟은 것이다. 이 모든 것을 깨달았을 때는 이미 호세의 발이 밑으로 빠진 후였다.

우리는 다시 조심스럽게 왔던 길을 되돌아가서 다른 경로를 통해 분화구에 접근했다. 마침 분화구 위쪽으로 발코니처럼 튀어나와 있는 바위가 있었다. 분화구를 관찰하기에 안성맞춤인 장소였지만 폭이 매우 좁은 데다 화산 활동 때문에 땅이 몇 분에 한 번씩 진동한다는 게 문제였다.

하산을 시작한 무렵에는 이미 주변에 어둠이 깔리고 있었다. 산을 걸어서 내려온 건지 굴러서 내려온 건지 모를 만큼 여러 번 넘어졌다. 무서웠지만 우리는 넘어진 횟수를 세는 데 집중하며 다른 생각을 하지 않으려 애썼다.

장장 18시간에 걸친 등반을 마치고 키토에 도착하니 거의 자정 무렵이었다. 봉플랑과 카를로스는 잠도 못 자고 우리를 기다리고 있었다.

우리가 등반한 피친차의 정상과 분화구의 모습을 그린 그림이다.

우리는
몇 달간 푸라세, 안티사나, 피친차,
코토팍시, 퉁구라우아 등 여러 화산에 올랐다.
이제 침보라소로 향할 시간이었다. 키토에서 남쪽으로
160킬로미터가량 떨어진 곳에 위치한 침보라소는 장엄하게
서 있는 거대 화산으로, 세계에서 가장 높은 산이기도 했다. 나는
침보라소에 꼭 오르기로 결심했다.

해발고도가 무려 약 6,400미터에 이르는 침보라소는 1802년 당시
세계 최고봉으로 알려져 있었다. 엄밀히 따졌을 때 이는 맞는 말
이기도 한데, 지구의 모양이 완벽한 원이 아닌 타원에 가깝기
때문이다. 침보라소는 불룩 튀어나온 적도 쪽에 가깝게
있기 때문에 그 정상이 지구 중심에서부터 가장 먼
곳에 위치해 있다.

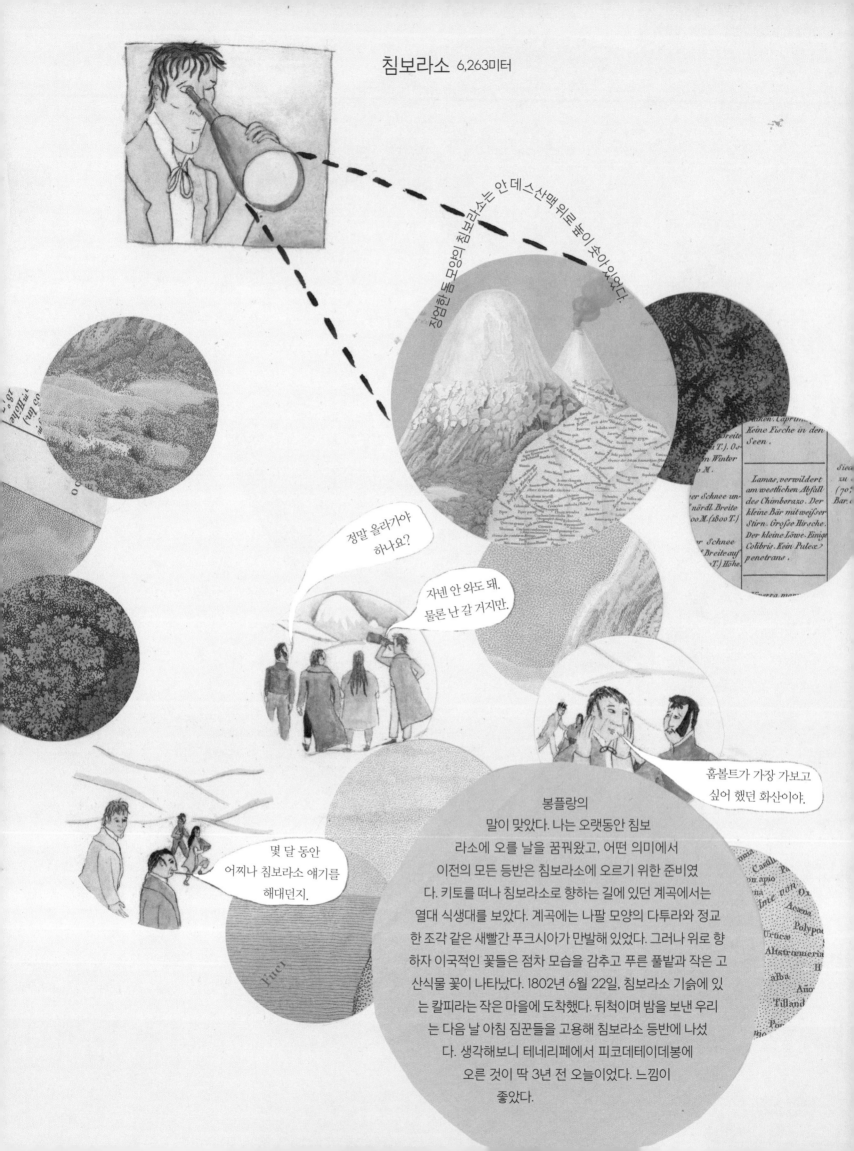

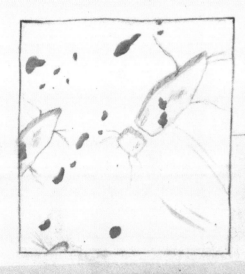

왼쪽은 얼음투성이의 가파른 절벽이었고, 오른쪽 또한 결코 사정이 낫지 않았다. 발아래는 족히 304미터는 될 것 같은 낭떠러지였고, 칼날처럼 날카로운 바위로 뒤덮인 벽은 거의 수직으로 서 있었다. 손과 발이 날카로운 돌에 베였고, 모두 구역질을 하고 있었다.

장비를 설치하고 계신데요?

간단한 측정이니 너무 흥분하지 말게.

이런 상황에서?

속이 계속 울렁거려.

숨 쉬는 것조차 어려웠지만 나는 일행을 독려하며 앞으로 나아갔다. 그때 갑자기 안개가 걷히며 눈 덮인 침보라소의 봉우리가 모습을 드러냈다.

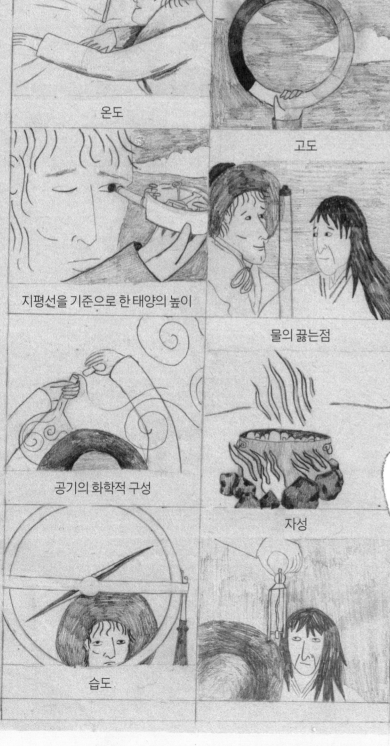

하늘의 청명도

온도

고도

지평선을 기준으로 한 태양의 높이

물의 끓는점

공기의 화학적 구성

자성

습도

저것 좀 봐!

굉장하군!

하지만 기쁨도 잠시, 우리 앞에는 거대한 크레바스가 나타났다.

정상까지 304미터도 안 남은 것 같은데.

옆쪽으로 우회해서 가보죠.

여기까지 왔는데… 이럴 수가. 말도 안 돼.

카를로스는 가까스로 탈출했다. 나는 오랜 고민 끝에 크레바스를 우회하여 눈밭을 건너는 것은 무리라는 결론을 내렸다. 해가 이미 정점에 올라 눈밭의 표면을 녹이고 있었다. 적도 가까운 곳에 위치한 침보라소 의 태양은 강렬했고, 눈은 쉽 게 밟고 걸어갈 수 있는 알 프스의 단단한 눈과는 달랐다.

맨몸으로 가장 높은 고도를 정복
한 우리의 기록은 그 후로 몇십
년간 유지되었다. 우리가 파리로
돌아온 후 화학자 조제프 루이 게
이뤼삭의 과감한 시도를 알게 되었
다. 1804년, 게이뤼삭은 우리가 파리
에 도착한 지 불과 3주가 지난 후에 열기구로
7,010미터 상공에 도달했다. 그는 나처럼 다양한 높이에서 자성,
기압, 온도를 측정하고 대기 표본을 수집했다. 나는 어서 그를 만
나 내가 안데스에서 측정한 것들과 비교해보고 싶었다.

Gipfel der

Höhe des Chimborazo, zu welcher Bonpland Montufar und
mit Instrumenten gelangt sind d. 23 Jun. 1802 Bar. o...
Therm. — 1° 6.

Höhe des Popocatepetel

훔볼트의 시대와 비교했을 때
식물들이 457미터 이상 위쪽으로 이동했다.

지구온난화는
열대식물의 분포를
크게 바꿔놓고 있다.

내가 처음 침보라소를 등반한 날로부터 정확히 210년 후인 2012년 6월,
다섯 명의 기후과학자들이 나와 같은 경로로 침보라소에 올랐습니다.
이들은 내가 기록해둔 데이터를 활용해 기후가 식생에 미치는 영향을 분석했는데,
그 결과는 정말 놀라웠습니다. *연구 결과는 2015년 발간된 미국국립과학원회보에서 찾아볼 수 있습니다.

Höhe des Pico de T...

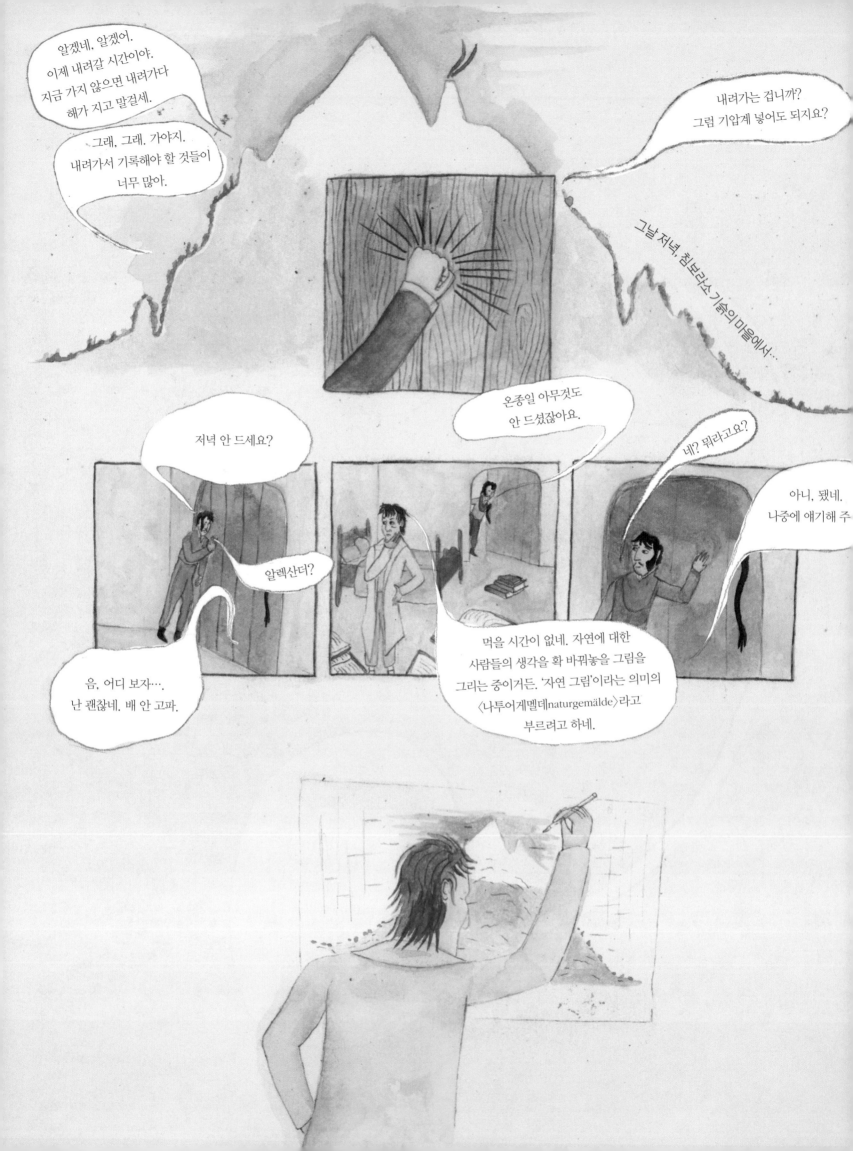

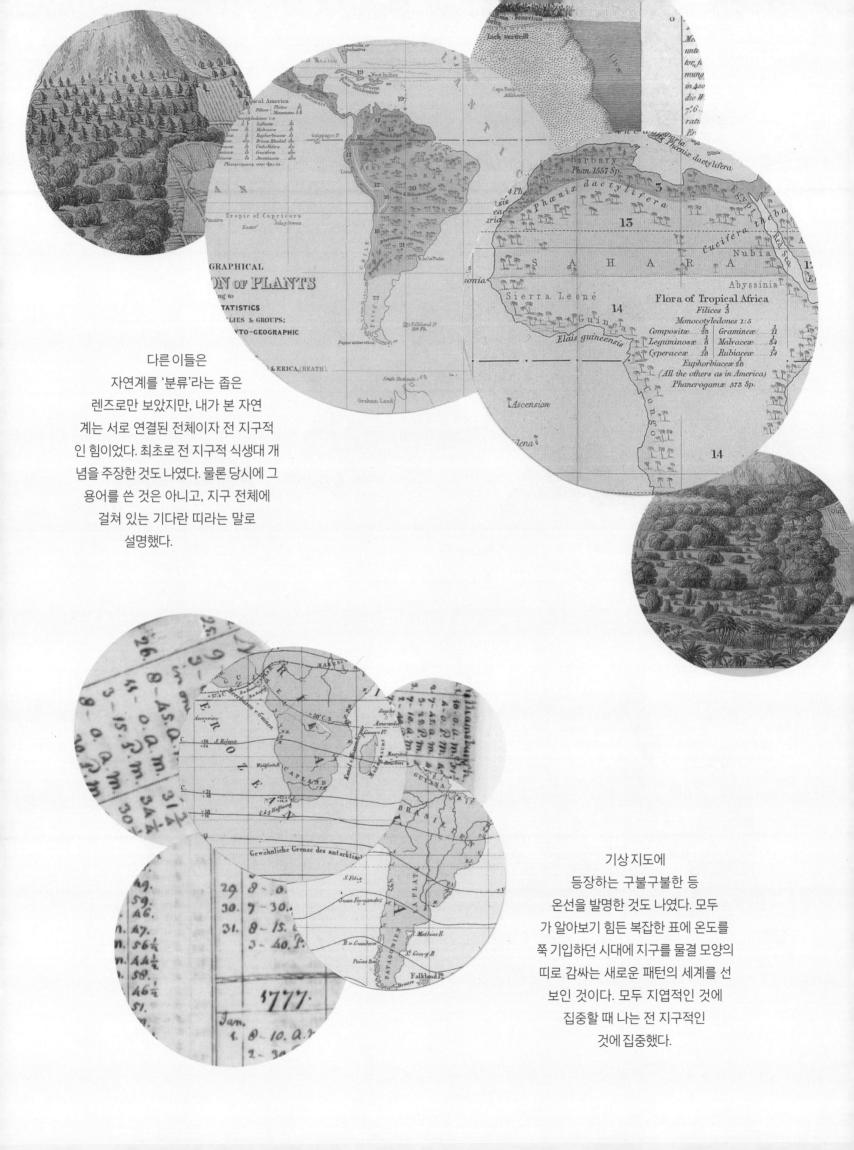

다른 이들은
자연계를 '분류'라는 좁은
렌즈로만 보았지만, 내가 본 자연
계는 서로 연결된 전체이자 전 지구적
인 힘이었다. 최초로 전 지구적 식생대 개
념을 주장한 것도 나였다. 물론 당시에 그
용어를 쓴 것은 아니고, 지구 전체에
걸쳐 있는 기다란 띠라는 말로
설명했다.

기상 지도에
등장하는 구불구불한 등
온선을 발명한 것도 나였다. 모두
가 알아보기 힘든 복잡한 표에 온도를
쭉 기입하던 시대에 지구를 물결 모양의
띠로 감싸는 새로운 패턴의 세계를 선
보인 것이다. 모두 지엽적인 것에
집중할 때 나는 전 지구적인
것에 집중했다.

안데스부터
히말라야, 피레네, 알프스, 라
플란드까지 세계 곳곳에 있는 산을 나
란히 놓고 살펴보면 위도에 따라 설선雪線의
높이가 결정됨을 알 수 있다. 적도에 가까울수록
높으며, 식물이 자랄 수 있는 고도 또한 더 높다. 나
는 비교를 좋아한다. 비교는 모든 것을 문맥 속에
서 볼 수 있게 해주기 때문이다. 왼쪽에 있는 스
케치는 내 생각을 간단하게 그림으로 그려
본 것이다.

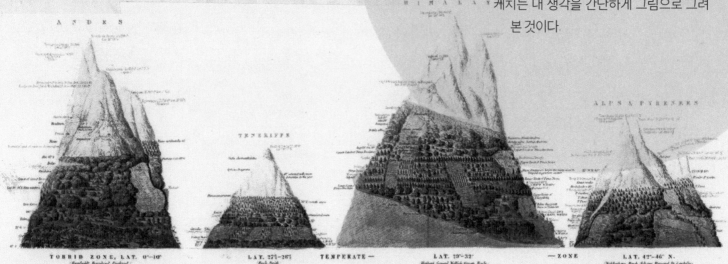

식물은 인간의 이동, 제국의 경제적 기반 같은 것들 외에 대륙의 이동에 대해서도 알려준다. 남아메리카와 아프리카의 해안 지역에서 관찰되는 식물들은 분명 유사성을 보이며, 두 대륙의 해안선 모양은 서로 들어맞는다. 이는 결코 우연이 아니다. 나는 두 대륙이 먼 과거에 연결되어 있었으리라 확신했다.

다른 과학자들이 지각판 이동설을 주장하기 100년도 전에 나는 《식물지리학에 관한 고찰》에서 남아메리카와 아프리카의 관련성에 대해 언급했다. 60센티미터x91센티미터 크기의 《나투어게멜데》 삽화를 실은 것도 이 책이었다. 손으로 일일이 채색한 이 아름다운 대형 삽화는 접을 수 있는 구조로 되어 있었다.

이해가 안 되는 것은 아닌데, 꽤 급진적인 생각이군.

《나투어게멜데》에 대해 좀 더 설명하지. 그건 엄청난 과학적 데이터를 꽉꽉 채워 넣어 한 장으로 그려낸 소우주였다네. 하지만 단순히 숫자와 사실을 줄줄이 나열하는 형식은 아니었네.

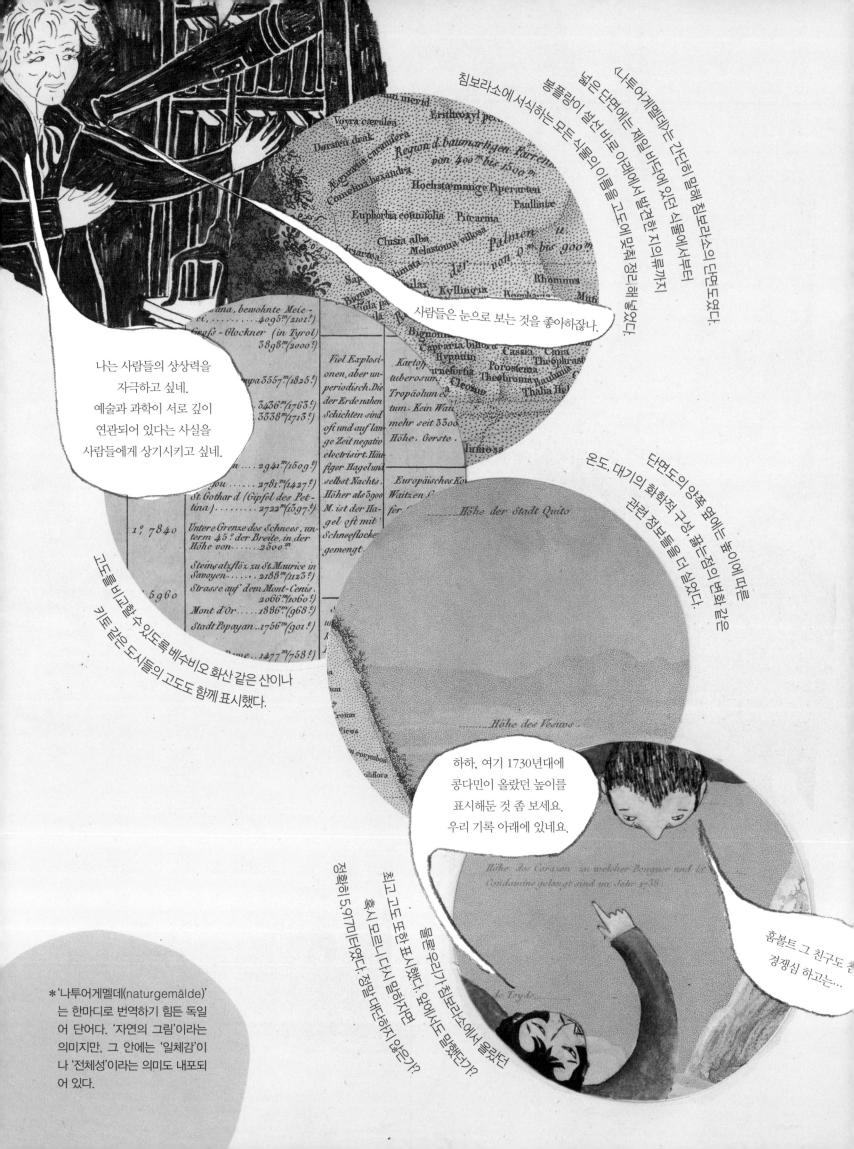

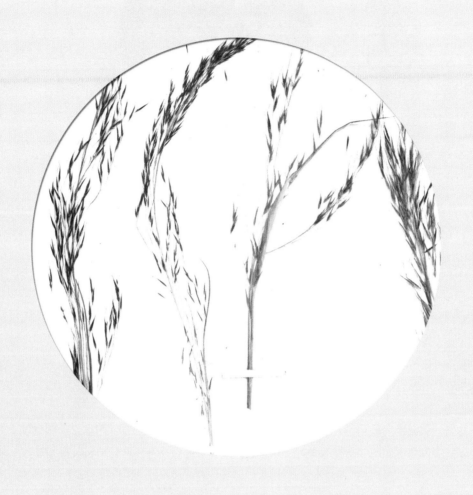

이제 다시 길을 나설 시간이었다.
리마까지는 여전히 1,287킬로미터가 남아 있었다.

남아메리카의
아름다운 풍경은 늘 감탄을 자아냈다.
그러나 그곳에 자연뿐 아니라 오래전 사라진 여러 문
명이 존재한다는 사실은 나를 다시 한번 매혹시켰다. 남아메리
카의 고대 문명은 일부 학자나 탐험가들이 주장한 것보다 훨씬 더 정교
하고 발달한 문명이었다.

침보라소 바로 남쪽 아래에 위치한 리오밤바에서는 한 인디오 족장이 잉카 이전 언어
로 쓴 16세기 문헌을 보여주기도 했다. 그 문헌을 통해 원주민들의 언어가 얼마나 정교
한지 다시 한번 깨달았다. 일부 언어에는 '미래', '영원', '존재' 같이 추상적인 개념에 해당
하는 단어도 존재했다. 원주민들의 언어는 결코 단순하지 않았다.

어디를 가도 마찬가지였다. 보고타에서는 과거 원주민 사제들이 자오선을 계산하고 하
지와 동지의 시점을 정확히 유추할 정도로 해박한 천문학적 지식을 지니고 있었음을 알
게 되었다. 윤년 계산에 쓰였던 칠각형 석판을 발견하기도 했다.

코토팍시 화산 근처에 있던 잉카 궁전 유적지를 둘러보면서는 석재 건축물들의 정
밀함과 균형에 감탄했다.

나중에 멕시코에 가서는 아즈텍 상형문자를 필사하고 콜럼버스 이전 시대의
유적과 유물들을 스케치하기도 했다. 그 시대의 문명이 얼마나 발달했었
는지 보여주는 증거가 도처에 있었다. 그러한 증거들은 마치 오리노코
강가 열대우림의 열대식물처럼 사방에 존재했다.

이제부터 남아메리카의
고대 문화를 연구해야겠어.

우리는
계속 남쪽으로
이동했고, 3주 후 로하의
기나 나무 숲에 다다랐다. 기나 나
무 껍질에는 퀴닌이라는 성분이 들어있
는데, 수 세기동안 원주민들은 이를 열병 치료
제로 사용했다. 문제는 껍질을 벗기면 나무가 말라
죽는다는 사실이었다. 로하 근처에서 본 기나 나무 숲은
이미 스페인 사람들에 의해 상당 부분 파괴되어 있었다. 우
리가 로하를 방문한 시점으로부터 약 30년 후 시몬 볼리바르
는 콜롬비아의 숲을 보호하기 위한 포고령을 발표했다. 내 책
에 담긴 경고를 보고 내린 결정일 수도 있고, 파괴된 숲들을 직
접 보고 내린 결정일 수도 있다. 어쨌든 볼리바르는 산림 파괴를
막아야 한다는 나의 생각을 법제화 한 최초의 인물이 되었다. 시
간이 흐르며 다른 이들도 숲 보호의 필요성에 대해 생각하기 시
작했다. 헨리 데이비드 소로도 그중 한 명이었다. 소로의 이름을
들어본 적이 있는가? 아마 대부분은 알고 있을 테고, 특히 미국
인이라면 익숙한 이름일 것이다. 소로는 마을마다 수백 에이
커 크기의 숲 보호구역이 있어야 한다고 주장했다. 소로는
분명 내 책들을 읽었고, 그 책들을 좋아했다. 또 다른 예
로는 (나를 '자연의 위대한 사도'라고 불렀던) 조지
퍼킨스 마시가 있다. 마시는 내가 죽은 지 5년
후인 1864년에 숲의 파괴를 막아야 한다
는 나의 경고를 한층 발전시킨《인
간과 자연》이라는 책을
내놓았다.

우리는 기나 나무 숲에서 아마존 계곡 쪽으로 이동했다. 안데스 지역에서 1년을 보낸 끝에 마침내 비교적 온화한 기후대에 들어선 것이다. 오른쪽 그림은 우리가 보고타를 떠난 이후 통과한 안데스 지역을 간단히 그려본 것이다. 그림 왼쪽 끝에 킨디오 패스가 있고, 그 옆에는 포파얀의 푸라체 화산이 연기를 뿜는 모습, 그 옆에는 키토 근처에 있던 다섯 개의 화산이 있다. 정말이지 지겹도록 오르락내리락 했던 구간이다. 그 옆으로는 우리가 마지막에 넘은 높은 고개가 있고, 그곳을 넘어 아래로 쭉 내려온 지점에는 쿠엔카의 평원, 그리고 그 오른쪽으로 로하의 낮은 산들이 보인다.

나는 남쪽으로 이동하며 매일 복각계를 설치해 자기장을 측정했다.

자기 복각이 아직 0도가 아니군.

··· ???

우리는 고대 도시 출루카나스의 유적을 찾기도 했다. 출루카나스에는 69개의 집터가 남아 있었는데, 모두 완벽한 대칭을 이루며 설계되어 있었다.

잉카인들은 아마존의 지류인 우안카밤바강 옆의 절벽에도 도로를 냈지만, 이 역시 유럽인들이 망가뜨린 지 오래였다. 아마 그 도로가 남아 있었다면 우리는 포장된 길로 편하게 이동할 수 있었을 것이다. 결국 우리는 스무 마리나 되는 노새를 이끌고 그나마 좀 걸을 만한 지점을 찾아서 거친 강을 27번이나 건너가며 아슬아슬하게 앞으로 나갈 수밖에 없었다.

조마조마해서 차마 못 보겠어···.

내 식물들이···

우리는 뗏목을 한 척 구입해서 치마야강을 따리 이미존강괴 만니는 곳까지 갔다. 좀 복잡하기는 하지만 이쪽 지역에서 아마존강의 명칭은 마라뇬강이었고, 차마야강의 상류는 우안카밤바강이었다. 그런데 차마야를 떠나기 전에 보니 주민들의 상태가 마음에 걸렸다.

무거운 마음을 안고 우리는
다시 강을 따라 길을 나섰다.

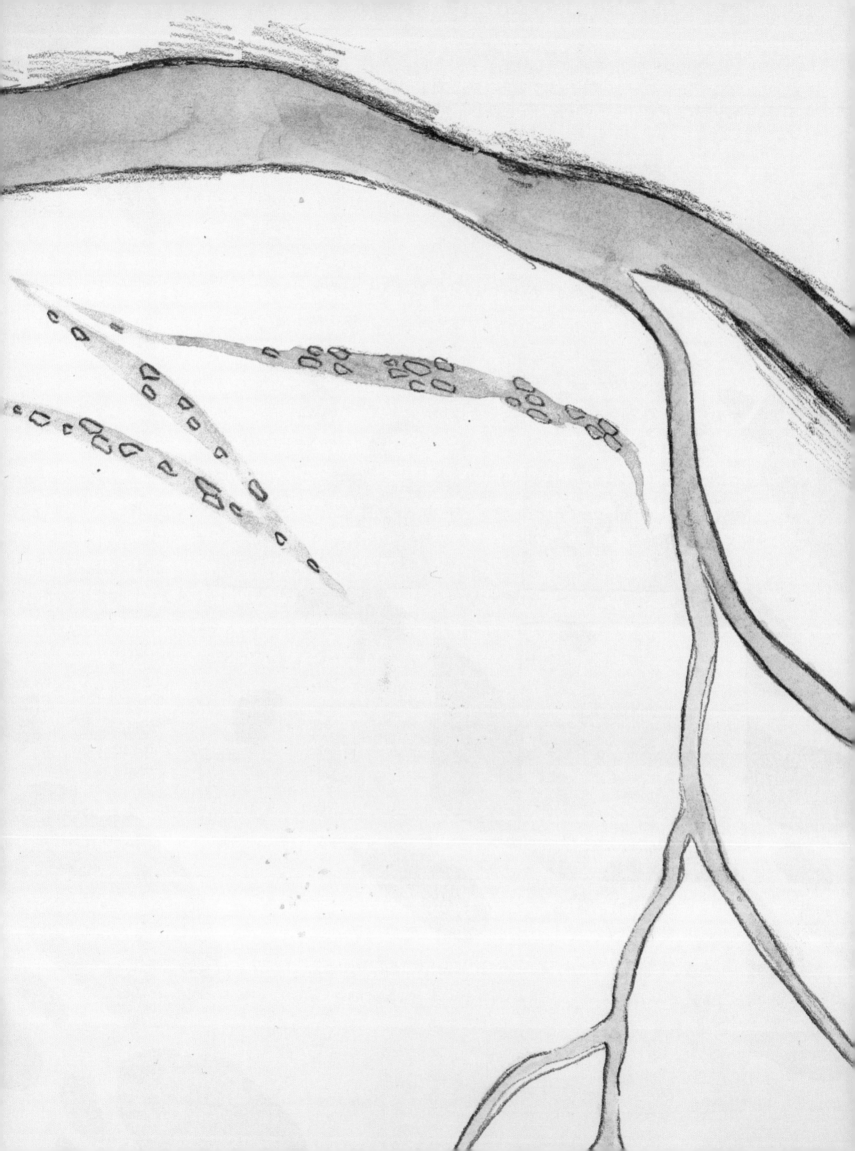

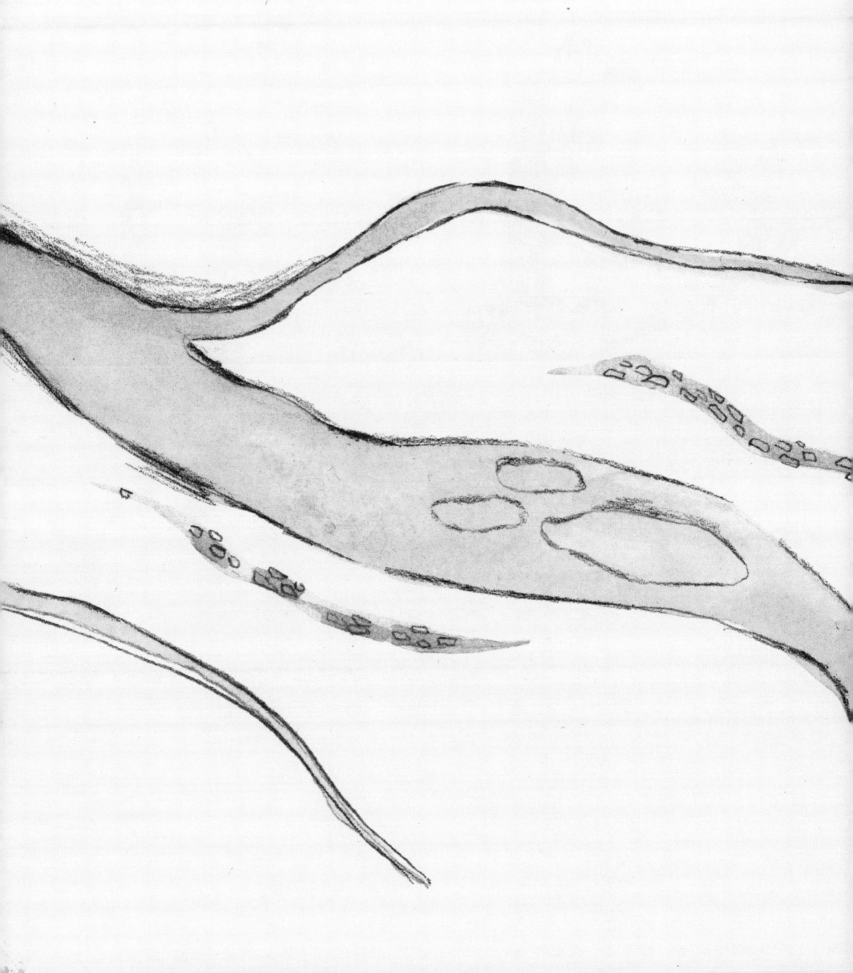

2주가 넘게 강을 따라 노를 저어 이동하던 중 지바로 원주민들을 만났다. 선교사들의 영향이 전혀 미치지 않는 곳에서 살아가는 지바로족은 예로부터 아마존 유역에서 살아온 용맹한 부족으로 잉카 제국에도, 스페인 제국에도, 선교사들에게도 굴하지 않고 독립적으로 살아온 사람들이 었다.

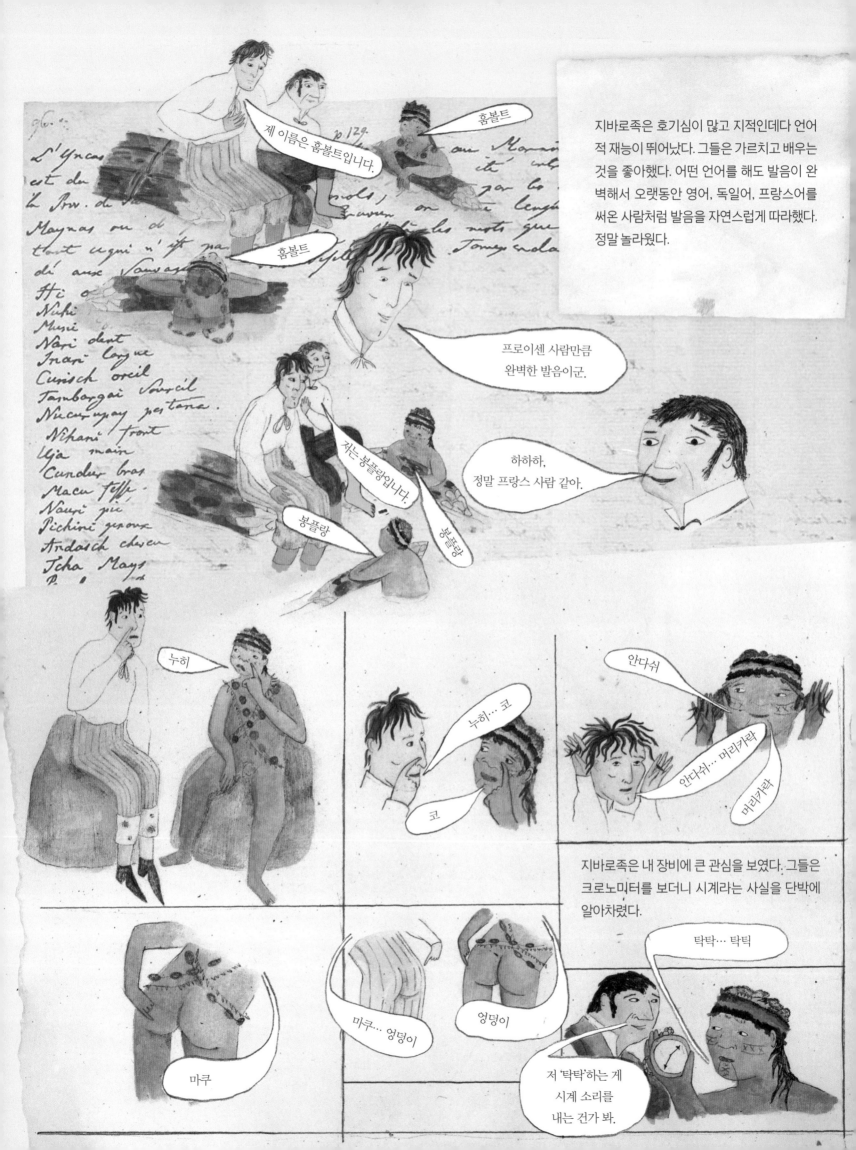

아마존 분지에서 한 달가량을 보낸 후 우리는 태평양 연안 쪽으로 가기 위해 다시 안데스산맥에 올랐다. 등반은 그 어느 때보다 고되게 느껴졌다. 그동안의 여정에 지쳐서 그럴 수도 있겠지만, 어쨌든 해발 3,352미터의 고산 초지 카하마르카 파라모를 넘는 여정은 그야말로 지옥 같았다. 우리는 비와 우박을 고스란히 맞고 얼음처럼 차가운 바람의 채찍질을 견디며 걸어야 했다. 하지만 바로 이곳에서 나는 놀라운 발견을 했다.

Endroits.	Hau. re	Bar. moy. corrigé	Th. b. R.		
Matara	10 m	307.7	22.	− 458 t.	
1ère C	8 m.	311.7	21,2. conduzio francei. 157.		
Chia.	7 m	316.5	21,2.	314 t.	
maya.	8 m.	328.7	17.		
	9 m.	325.7	21,2.		
	10 m	327.2	20. eau du Marañon 18°. − 188.		
	8 m.	254.3	19.2.	− 168.	
	30.	224.7	14.	− 1278.	
		246.8.	6 le matin à 6.		
		244.0.	15.	− 1461.	
		293 8.	16.	− 642.	
		258.9.	15.	− 1199.	
	66.8.	3.	17.	− 1067.	
			17.	− 634.	
			12.	− 181.	
				69 t.	

14. 26. 27. Ant. del. 1799.
13. 49. 47. Ant. 60. 0. 21. A.
59. 53.36.

+ 6
17, 8

le matin à 6. + 0,3 R − 1825.
3254 var.

eau du Marañon 18°. + 0,3 R

non Dzonte.

자기 적도를 발견하고 며칠 후 우리는 안데스산맥의 고
지대에 위치한 도시 카하마르카에 도착했다. 카하마르카
는 프란시스코 피사로가 잉카 제국의 황제 아타우알파를
포로로 잡아 죽이고 잉카 제국을 점령한 바로 그 도시였다.
아타우알파의 후손이라고 주장하는 한 소년이 잉카 유적
지를 구경시켜 주겠다고 했다.

아타우알파 황제는
피사로에게 자기를 풀어주면
방 하나에 황금을
이만큼 채워서 주겠다고
했어요.

훔볼트 나리, 쿠마나에 오실 때
타고 온 배 이름이 피사로호
아니었나요?

정확히 기억하고 있군,
호세. 스페인 정복자의
이름을 따서 지은
이름이었다네.

금으로 된 줄과 판으로 만든
커다란 나무도요.

그리고 저쪽 땅속 깊은 곳에는
황제의 황금 식물들이 가득한
정원이 묻혀 있대요.

정말 황금이 묻혀 있다면
어째서 파내지 않는 거니?

큰일 나요. 아빠가
그런 불경한 짓을 하면
불운이 닥친다고
그랬어요.

나는 남아메리카 고대 문명에 대한 정보를 잔뜩 모아 유럽으로 돌아갔고, 많은 학자가 이 주제에 관심을 보였다.

몇 년 후 파리에서 미국의 전직 재무장관인 앨버트 갤러틴을 만날 기회가 있었다. 갤러틴에게 남아메리카 원주민들의 놀라운 문명에 대한 이야기를 들려주며 북아메리카의 원주민을 연구해보라고 권유했다. 갤러틴은 내 제안을 받아들였고, 미국 민족학의 창시자가 되었다.

앨버트 갤러틴
about 1600
along the At
& about 1800 A.D.

미국의 작가이자 탐험가였던 존 로이드 스티븐스는 또 어떤가? 남아메리카 문명에 대한 내 글을 읽은 스티븐스는 미국 대사 신분으로 중앙아메리카 지역에 파견되어 수많은 마야 유적지를 발굴했다. 그는 자신의 탐험 이야기를 책으로 써냈는데, 이 책에서 유카탄 평원에서 농사를 짓고 있는 이들이 바로 마야 문명을 건설한 이들의 후손이라는 주장을 최초로 펼쳤다. 스티븐스와는 책이 나오고 몇 년 후 베를린에서 만날 기회가 있었는데, 아주 매력적이고 흥미로운 사람이었다.

존 로이드 스티븐스

미국의 역사학자 윌리엄 히클링 프레스콧은 내 책들을 읽은 후 아즈텍과 잉카의 사라진 문명을 연구하기 시작했다. 이들 문명을 생생하게 그려낸 프레스콧의 책들은 중요한 학술자료가 되었고, 나도 나중에 책을 내며 프레스콧의 연구를 인용하기도 했다. 원래 진정한 학자들은 이렇게 서로에게 배운다.

윌리엄 히클링 프레스콧

쿡 선장과 부갱빌 선장의

모험담을 읽던 어린 시절부터 꿈꿔왔던

태평양이 내 눈앞에 있었다.

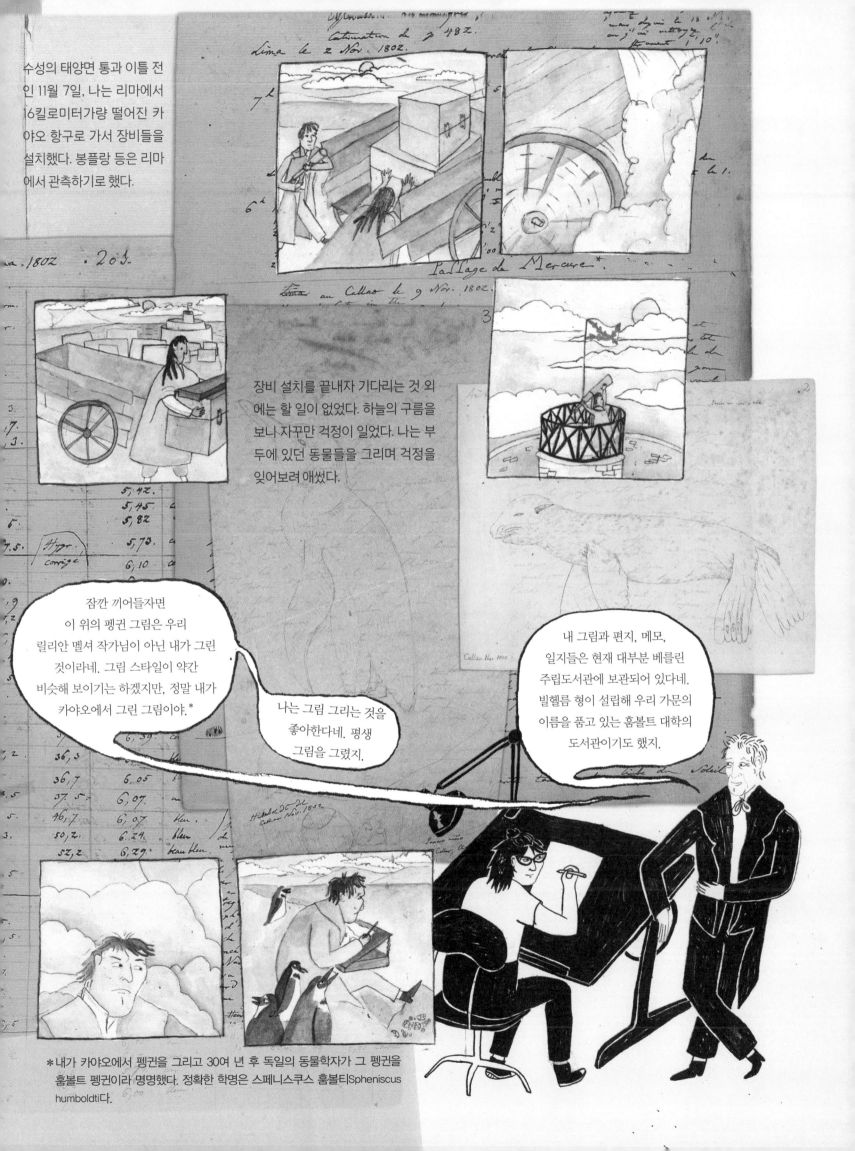

수성의 태양면 통과 이틀 전인 11월 7일, 나는 리마에서 16킬로미터가량 떨어진 카야오 항구로 가서 장비들을 설치했다. 봉플랑 등은 리마에서 관측하기로 했다.

장비 설치를 끝내자 기다리는 것 외에는 할 일이 없었다. 하늘의 구름을 보니 자꾸만 걱정이 일었다. 나는 부두에 있던 동물들을 그리며 걱정을 잊어보려 애썼다.

잠깐 끼어들자면 이 위의 펭귄 그림은 우리 릴리안 멜셔 작가님이 아닌 내가 그린 것이라네. 그림 스타일이 약간 비슷해 보이기는 하겠지만, 정말 내가 카야오에서 그린 그림이야.*

나는 그림 그리는 것을 좋아한다네. 평생 그림을 그렸지.

내 그림과 편지, 메모, 일지들은 현재 대부분 베를린 주립도서관에 보관되어 있다네. 빌헬름 형이 설립해 우리 가문의 이름을 품고 있는 훔볼트 대학의 도서관이기도 했지.

*내가 카야오에서 펭귄을 그리고 30여 년 후 독일의 동물학자가 그 펭귄을 훔볼트 펭귄이라 명명했다. 정확한 학명은 스페니스쿠스 훔볼티Spheniscus humboldti다.

날씨 걱정에…
잠이 오지 않아서…
새벽 3시에 일어났다.
호세! 일어나게.
가야 할 시간이야.
정말 다행이네요. 며칠 동안 그렇게
흐리더니 오늘은 구름 한 점 없어요.
그럼 이제 관측을
시작해 볼까?
1802년 11월 9일. 수성의 태양면 통과
나는 어서 관측 결과를 비교해
보고 싶은 마음에 한달음에 리
마로 돌아갔다.

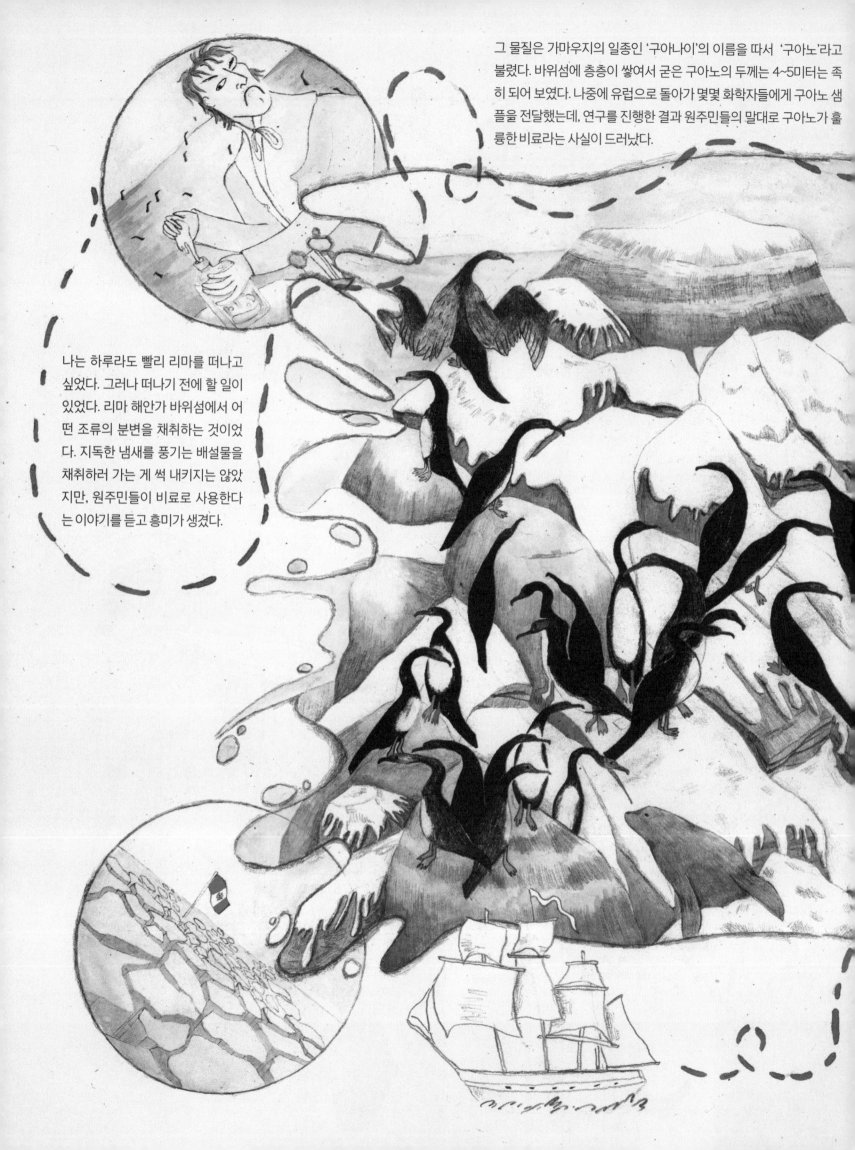

그 물질은 가마우지의 일종인 '구아나이'의 이름을 따서 '구아노'라고 불렸다. 바위섬에 층층이 쌓여서 굳은 구아노의 두께는 4~5미터는 족히 되어 보였다. 나중에 유럽으로 돌아가 몇몇 화학자들에게 구아노 샘플을 전달했는데, 연구를 진행한 결과 원주민들의 말대로 구아노가 훌륭한 비료라는 사실이 드러났다.

나는 하루라도 빨리 리마를 떠나고 싶었다. 그러나 떠나기 전에 할 일이 있었다. 리마 해안가 바위섬에서 어떤 조류의 분변을 채취하는 것이었다. 지독한 냄새를 풍기는 배설물을 채취하러 가는 게 썩 내키지는 않았지만, 원주민들이 비료로 사용한다는 이야기를 듣고 흥미가 생겼다.

1841년, 영국의 화학자 존 콜리스 네스빗이 구아노의 영양 성분이 일반 거름의 33배에 달한다는 연구 결과를 내놓았다. 구아노에는 질소와 인산염, 칼륨이 듬뿍 들어 있었다. 농부들은 앞다투어 구아노를 사용하기 시작했다.

글쎄, 뭐라고 말해야 할까? 처음에는 내가 유럽에 구아노라는 좋은 비료를 들여왔다는 생각에 뿌듯했다. 그러나 구아노 광풍이 시작되자 후회스러웠다. 수백만 톤에 달하는 구아노가 남아메리카에서 유럽과 미국으로 수출되었다.

구아노가 고갈되면 페루의 농부들은 어떻게 될지 걱정이 됐다. 페루에서는 구아노를 이미 수 세기동안 활용해왔지만, 그런 무분별한 대량 채취는 처음이었다. 구아노 광풍이 환경과 경제에 큰 재앙을 몰고 오리라는 사실은 불을 보듯 뻔했다.

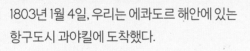

1803년 1월 4일, 우리는 에콰도르 해안에 있는
항구도시 과야킬에 도착했다.

훔볼트 선생님! 이것 좀 보세요!

코토팍시가? 정말인가?

1월 4일에 폭발했답니다.

카를로스! 봉플랑! 굉장한 일이 일어났네! 코토팍시 화산이 폭발했어! 지금 당장 가야 하네!

2주 전이잖아! 폭발은 아직 진행 중인가? 어서 말해주게!

아마 그럴 겁니다. 아주 멀리서도 연기가 보였거든요.

?

??

그건 곤란하네. 멕시코로 가는 배가 곧 출항하지 않나.

그 배를 놓치면 몇 달을 기다려야 해요.

출항 전에 다녀올 수 있네. 고작 321킬로미터 아닌가! 후딱 가서 몇 가지만 측정하면 된다네.

어쨌든 나는 못 가네. 몬테스 씨 아내가 아프다고 해서 진찰해주기로 했어.

카를로스, 자네는?

꼭 가야 하나요?

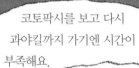

멕시코행 배는 1803년 2월 17일에 출항했다.
9일 후에는 마지막으로 적도를 넘었다.
하늘의 별은 우리가 남반구를 벗어났다는 사실을 알려주고 있었다.
남십자성의 위치가 매일 조금씩 낮아졌다.

우리는 과야킬을 떠나 한 달이 조금 지난 1803년 3월 23일에 아카풀코에 도착했고,
험준한 시에라 마드레 델 수르산맥을 넘어 멕시코시티로 향하는 고된 여정이 시작됐다.

Sud.

Lat. bor. 16°50'29"
Long. occ. 102°6'0"

Direction moyenne N.14°E.

Tableau physique de la pente Occiden

(Chemin de

Dressé d'après des mesures Barométriques

Lieues Marines (de 2850,4 Toises, ou 1/20 de l° sex.)

0 1 2 3 4 5 6 7 8 9 10

Myriamèt

Gravé par Bouquet.

L'Echelle dou

우리는 짐을 정리하고 불청객들을 처리한 후 도시를 둘러보았다. 멕시코시티는 대학과 공공도서관, 식물원, 예술학교, 광산학교 등을 갖춘 세련된 도시였다. 성당도 무려 200여 개가 있었다. 도시 중앙에는 소칼로라고 불리는 대광장이 있었는데, 광장 바닥의 석재는 스페인 사람들이 아즈텍 신전과 건물에서 가져온 것이었다. 잠시 멕시코시티를 둘러보자.

이건 스페인 사람들이 아즈텍 황제 모크테수마 2세의 궁전이 있던 자리에 세운 성당일세.

벽을 잘 살펴보면 여느 성당에서는 보기 힘든 장식물이 눈에 들어오는데, 달력 석판 혹은 태양의 돌이라고 불린다. 태양의 돌은 1790년 소칼로 광장 밑에서 발굴되었는데, 지름이 무려 3.6미터에 달하는 거대한 석판이다. 다행히도 태양의 돌은 다른 아즈텍 유물과는 달리 잘게 잘려 도로 포장용 자갈이 되는 운명을 피할 수 있었다.

발굴 얼마 후 석판을 살펴본 멕시코의 학자 레온 이 가마는 석판에 새겨진 것이 달력이라는 결론을 내렸지.

유럽으로 돌아간 후 태양의 돌에 새겨진 문양의 의미를 파악하려고 무척 애를 썼다네. 자세한 것은 아직도 아는 사람이 없다네. 하지만 용도가 무엇이었든간에 아즈텍 사람들이 인간으로서 지녔던 창의력을 보여주는 훌륭 예시라는 점에는 변함이 없어.

성당의 안뜰에는 또 다른 아즈텍 유물이 있다. 아즈텍의 티소크 왕 이야기가 정교하게 조각된 높이 91센티미터, 지름 274센티미터 크기의 이 돌은 인신공양에 사용된 제단이었을 것으로 추정된다.

성당 옆에 있는 또 하나의 거대한 건물은 누에바에스파냐 부왕의 궁전이라네.

멕시코시티의 전경이 발아래 펼쳐지는군.

소칼로 대광장의 대략적인 풍경은 이 정도다. 그 외에도 소개하고 싶은 장소가 있는데, 바로 멕시코시티에서 서쪽으로 몇 킬로미터 떨어진 곳에 위치한 차풀테펙 성이다. 스페인이 18세기에 건설한 이 성은 숲이 우거진 언덕 위에 있는데, 옛날 아즈텍 사람들은 그 언덕을 신성시했다고 한다. 성은 오래된 사이프러스 나무들에 둘러싸여 있다. 차풀테펙 성은 멕시코시티에서 가장 높은 지점으로, 공기는 그야말로 투명하고 전망 또한 빼어나다.

저 멀리 포포카테페틀 화산과 이스타키우아틀 화산이 보이고.

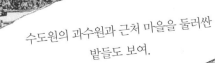

수도원의 과수원과 근처 마을을 둘러싼 밭들도 보여.

사실 내가 그림을 좀 빠르게 그리는 편이기는 하다. 게다가 한 번 본 것은 잊지 않는다. 하지만 아무리 그런 나여도 조각상이 모습을 드러냈던 그 짧은 시간만으로는 충분치 않았다. 어쨌든 당시 본 것을 바탕으로 완성한 판화를 소개한다. 그림이 약간 도식적이기는 하지만 조각상의 아름다움을 어느 정도는 느낄 수 있을 것이다.

훔볼트의 뛰어난 기억력은 나도 인정하지만, 사실 저 판화 작업 만큼은 어느 정도 외부의 도움이 있었다는 점을 밝혀야겠네. 여기 왼쪽 그림은 1790년 4월 조각상이 1차로 발굴될 때 현장에 있었던 레온 이 가마가 그린 것인데, 사실 훔볼트는 이 그림을 거의 그대로 따오다시피 했어.

조각상은 1823년에 다시 발굴되었고, 영국의 수집가인 윌리엄 불록은 1824년 런던의 이집션홀에서 이를 전시했다. 현재 멕시코 국립인류학박물관의 주요 보물로 전시되고 있는 이 조각상은 우이칠리우이틀의 어머니이자 대지의 어머니인 코아틀리쿠에 여신으로 알려져 있다.

태양의 돌

코아틀리쿠에 여신

티소크의 돌

Exhibition of Antient Mexico at the Egyptian-Hall Piccadilly
Drawn, and Printed by A. Aglio 26 Newman St. Oxford St

너무 불평하지 말게. 이것도 중요한 작업일세. 그럼 다녀오겠네.

어디 가나?

기록보관소에 가네. 저녁 때 돌아오겠네.

또 간다고? 왜 그런 데서 시간을 낭비하나?

멕시코시티 기록보관소

우리는 약 한 달긴 과나후아도에 머물며 근처의 모든 신에 오르고
모든 광산을 탐사했다. 광산을 탐사할 때는 가장 깊은 갱도까지
들어갔다. 정말이지 살면서 가장 힘든 경험이었다.

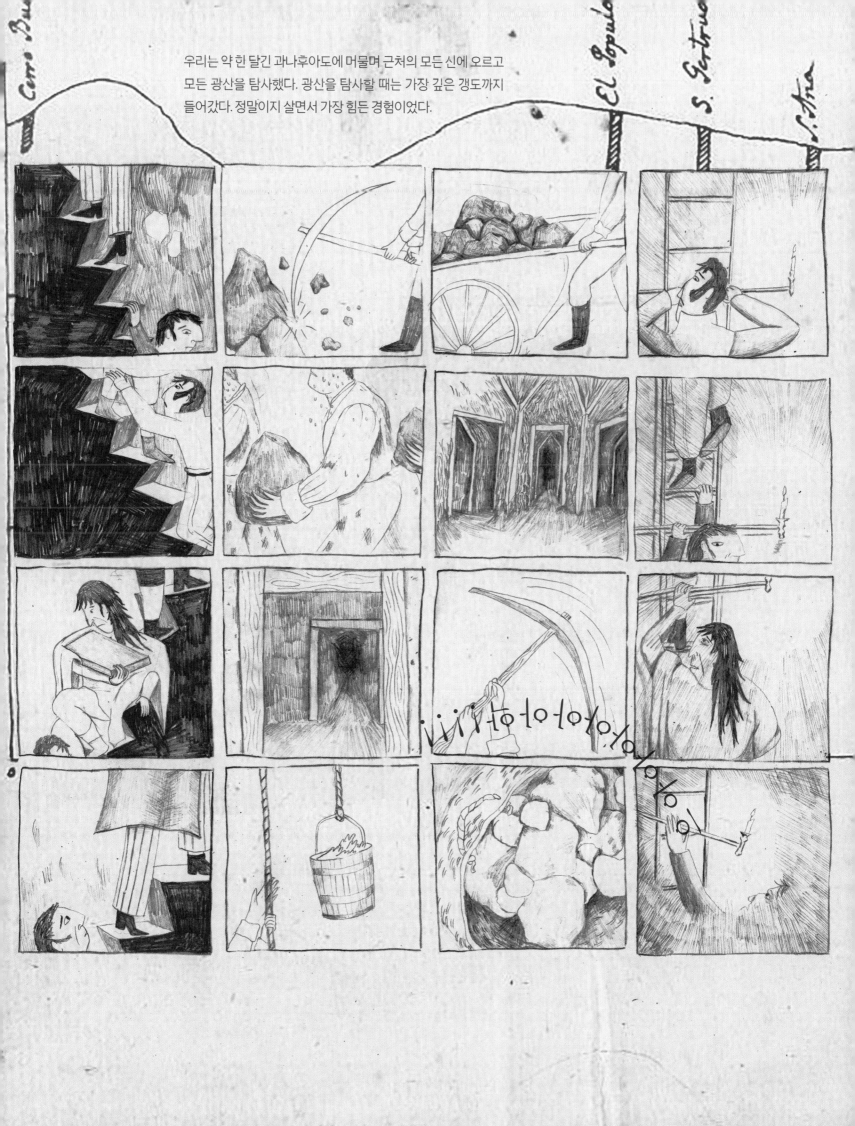

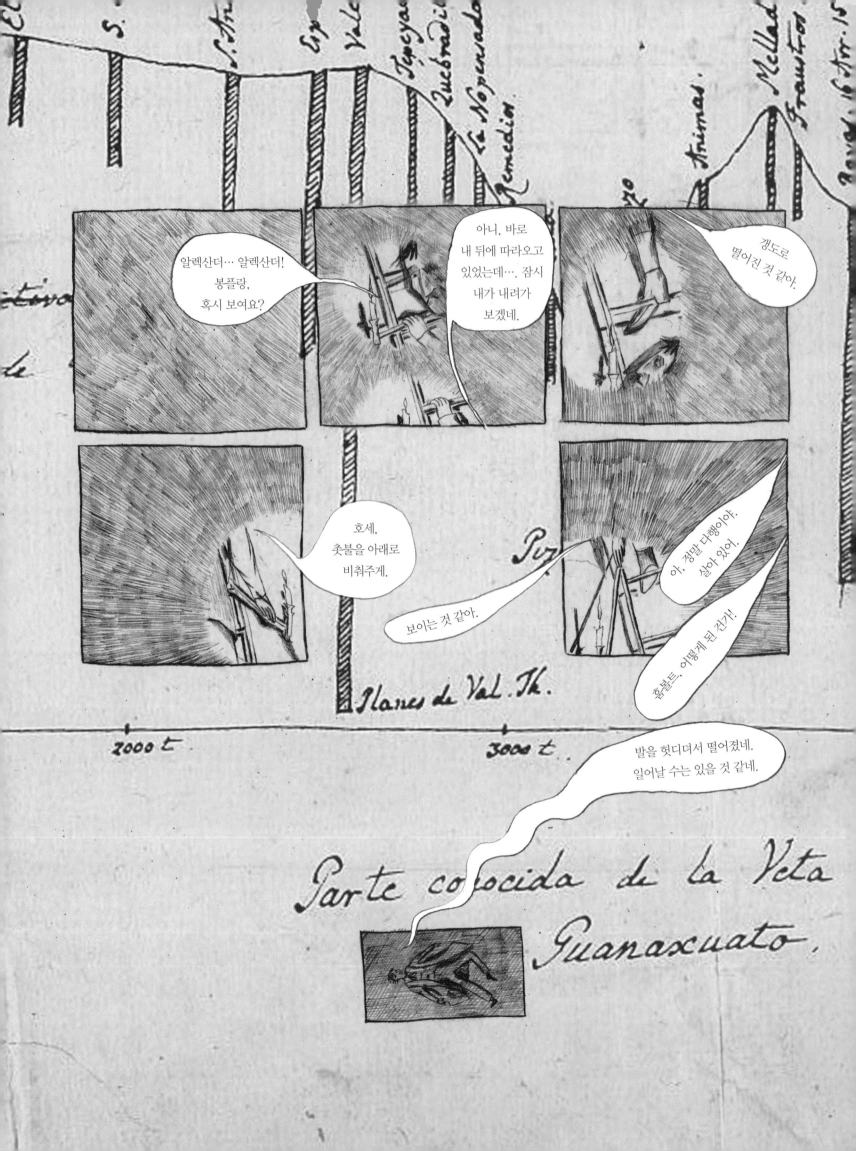

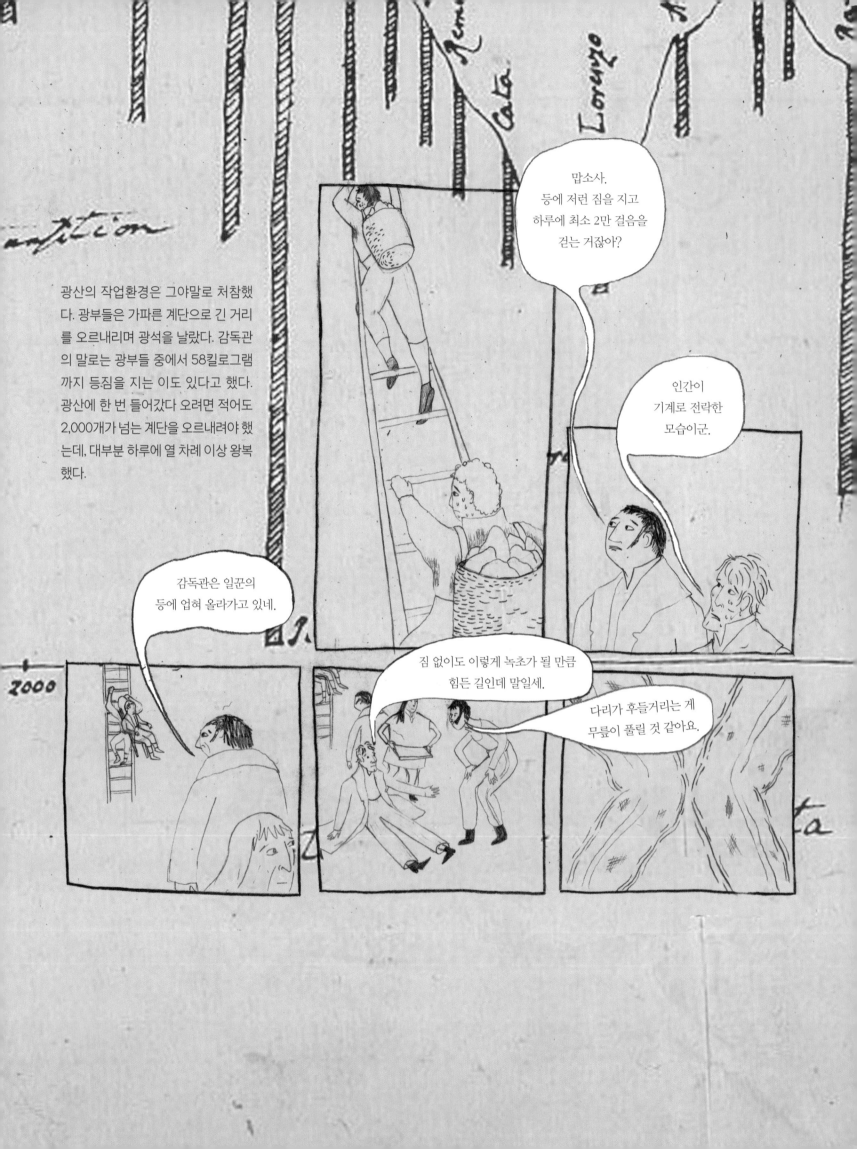

스페인이 광산에 집중
하는 이유는 뻔했다. 큰돈이 된다
고 판단했기 때문이다. 그러나 멕시코시티의
기록보관소에서 수집한 자료를 토대로 생산비용과 광
부들의 노동환경, 자연에 미치는 영향 등을 고려하여 계산해보
면 꼭 그렇지만도 않았다. 광산업에 대한 지나친 의존은 사회에 악영
향을 준다. 내가 생각하기에 자본의 진정한 증가를 불러오는 산업은 농업
뿐이다. 농업은 그야말로 '성장'하니 말이다. 반면 금이나 은에 의존하면 국가의
경제가 불안정한 국제 시장 가격의 변동에 묶여서 위험하다. 그러나 나의 이런 주장
에는 아무도 귀 기울이지 않았다. 오히려 일부는 내가《누에바에스파냐 왕국에 대한
정치적 고찰》에서 광산업을 비판한 내용은 쏙 빼버리고 자기들이 필요로 하는 숫자
만 발췌해서 내세웠다. 숫자에 붙은 동그라미가 많을수록 사람들은 열광했다. 그런 사
람들이 나중에 어떤 짓을 했는지 알고 있는가? 1821년 멕시코가 독립하자 외국 투자
자들은 광산업에 미친 듯이 투자하기 시작했다. 몇몇 광산은 내 책에서 발췌한 내용을
투자 소개서에 떡하니 넣기도 했다. 그러다 모든 것이 무너졌다. 내가 보기에 그것은
당연한 결과였다. 그런데 멕시코의 광산업 거품이 무너지자 사람들은 도리어 나를 비
난했다. 이게 대체 말이 되는가?

과나후아토에서 힘든 한 달을 보낸 우리는 1803년 9월 10일 남쪽으로 향했다. 목적지는 호루요산이었다. 호루요산은 1759년에 발생한 지진으로 하룻밤 만에 생겨난 산이었는데, 높이가 1,341미터, 분화구의 지름은 1,609미터 이상이었다. 호루요는 더 생각할 것도 없이 반드시 가야 하는 곳이었다.

우리는 무수히 미끄러지고 넘어지며 정상에 다다랐다. 그런데 올라가서 보니 엉뚱한 경사면을 기어 올라온 게 아닌가? 고도를 재려면 제일 높은 지점으로 가야 하는데, 우리가 있는 곳보다 맞은편에 보이는 지점이 더 높았다.

저쪽으로 가보세.

정말요? 걸어가기엔 분화구 가장자리의 폭이 너무 좁은데요.

이런 걸 타넘어 가자니 불안하군.

조심하면 괜찮을걸세. 참고로 바닥에 굳은 것들은 유황 침전물인데 아주 잘 깨진다네.

저게 깨져서 밑으로 떨어지면 눈 깜짝 할 사이에 뼈까지 타서 없어질 테니 주의하게.

고맙네. 마음이 편안해지는군, 친구.

얼굴이 디는 것 같아요.

나도 그렇다네. 이런 온도를 직접 체험하는 것은 처음이군.

대기 온도가 섭씨 43도야!

물론 나는 제정신이었다. 분화구 아래로 내려가는 내 제안은 매우 진지했다. 코토팍시 화산의 폭발을 아깝게 놓친 만큼, 나는 무슨 일이 있어도 분화구 밑으로 내려갈 작정이었다.

정말 지옥이 따로 없네요.

??

분화구 밑으로 내려가면 더할 텐데.

저 밑으로 내려간다고?

분화구 밑으로요? 제정신이세요?

Los Hornitos, *terrain soulève en forme de vessie et cu*
de plusieurs milliers de petits cones volcaniques de
toises de hauteur (Malpays.)

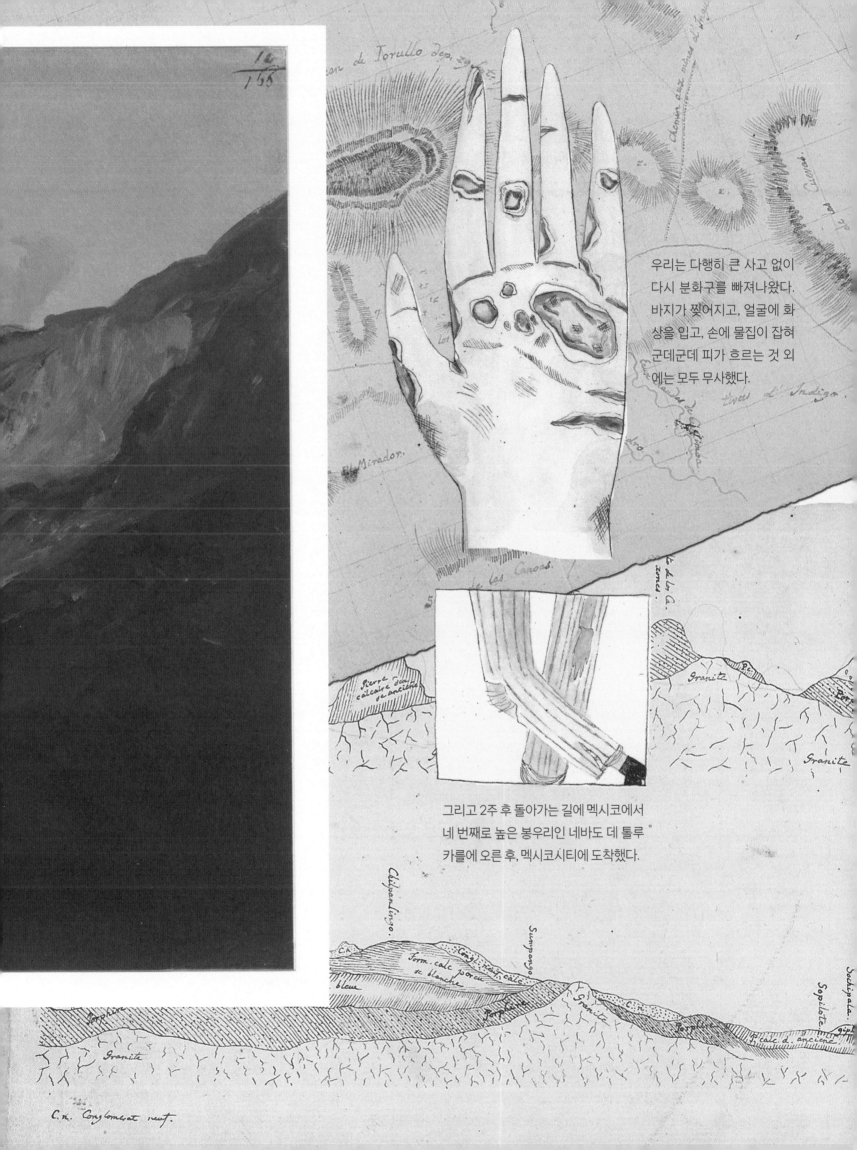

우리는 다행히 큰 사고 없이
다시 분화구를 빠져나왔다.
바지가 찢어지고, 얼굴에 화
상을 입고, 손에 물집이 잡혀
군데군데 피가 흐르는 것 외
에는 모두 무사했다.

그리고 2주 후 돌아가는 길에 멕시코에서
네 번째로 높은 봉우리인 네바도 데 톨루
카를에 오른 후, 멕시코시티에 도착했다.

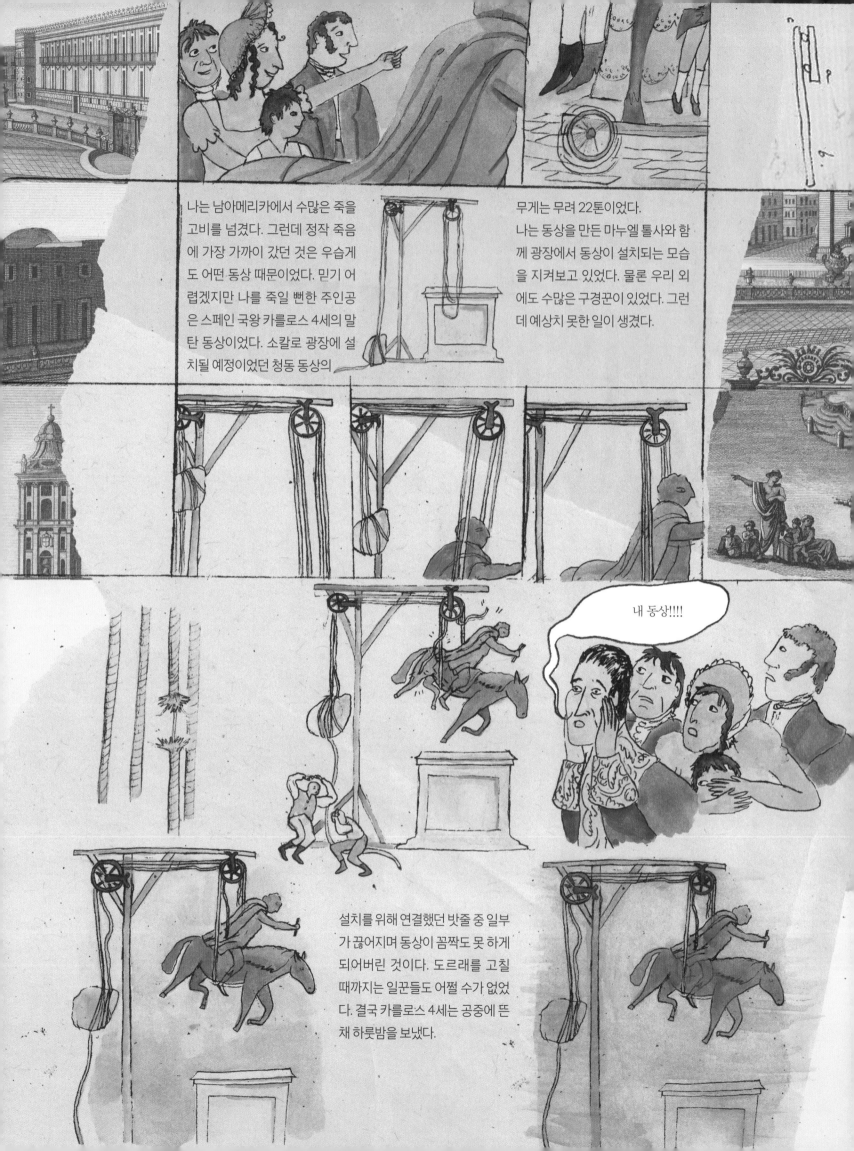

나는 남아메리카에서 수많은 죽을 고비를 넘겼다. 그런데 정작 죽음에 가장 가까이 갔던 것은 우습게도 어떤 동상 때문이었다. 믿기 어렵겠지만 나를 죽일 뻔한 주인공은 스페인 국왕 카를로스 4세의 말 탄 동상이었다. 소칼로 광장에 설치될 예정이었던 청동 동상의

무게는 무려 22톤이었다. 나는 동상을 만든 마누엘 톨사와 함께 광장에서 동상이 설치되는 모습을 지켜보고 있었다. 물론 우리 외에도 수많은 구경꾼이 있었다. 그런데 예상치 못한 일이 생겼다.

내 동상!!!!

설치를 위해 연결했던 밧줄 중 일부가 끊어지며 동상이 꼼짝도 못 하게 되어버린 것이다. 도르래를 고칠 때까지는 일꾼들도 어쩔 수가 없었다. 결국 카를로스 4세는 공중에 뜬 채 하룻밤을 보냈다.

다음날...

그날은
정말 운이 좋았다. 그런데 생각해보면
난 늘 운이 좋은 편이었다. 그렇지 않았다면 남아메
리카에서 지낸 몇 년 동안 몇 번을 죽고도 남았을 것이다. 하지
만 이제 떠날 때였다. 정교한 측정 장비들이 많이 손상되었고, 상당수
가 제대로 작동하지 않았다. 정확하지 않다면 측정에 무슨 의미가 있겠는
가? 게다가 그동안 모은 정보와 자료, 표본이 너무 많았다. 어서 유럽으로 돌아
가 탐험 결과를 발표하고 사람들에게 그동안 모은 식물과 암석, 곤충, 지도, 언어,
상형문자 같은 것들을 선보이고 싶었다. 식물 표본만 해도 6만 점에 달했다. 종으로
보자면 6천 종 정도였는데, 2천 점 정도는 유럽에 처음 소개되는 종류일 가능성이
높았다. 내 입으로 이런 말을 하기는 쑥스럽지만 꽤 큰 숫자였다. 내가 유럽을 떠났
을 당시 알려진 종의 숫자가 6천 개에 불과했기 때문이다. 나는 그 누구보다 많은
표본을 모았다. 다른 탐험가나 과학자들이 세계 곳곳에서 측정한 것들과 남아
메리카에서 열심히 측정한 것들을 얼른 비교해보고 싶기도 했다. 그리고
무엇보다 남아메리카에서 배운 것들을 세상과 나누고 싶었다.

하지만 우선 쿠바에 돌아가 3년 전 보관해두었던
수집품들을 찾아야 했다.

1804년 1월 20일, 우리는 멕시코시티를 떠나 멕시코만에 위치한 베라크루스로 향했다.

가는 도중에는 장엄한 자태를 뽐내며 서 있는 포포카테페틀 화산과 이스타키우아틀 화산을 측량했다. 우리는 포포카테페틀 정상에 오르려 했지만 설선을 넘어서는 거의 앞으로 나가지 못했다. 눈 아래의 땅이 느슨한 모래여서 걷는 것이 거의 불가능했기 때문이다.

Iztaccihuatl ou Sierra Nevada
de Puebla. 4786 m (2456 t.)

Popocatepetl ou Grand Volcan
de Puebla. 5400 m (2771 t.)

세계에서 가장 큰 피라미드가 있는 촐룰라 유적지에도 들렀다.

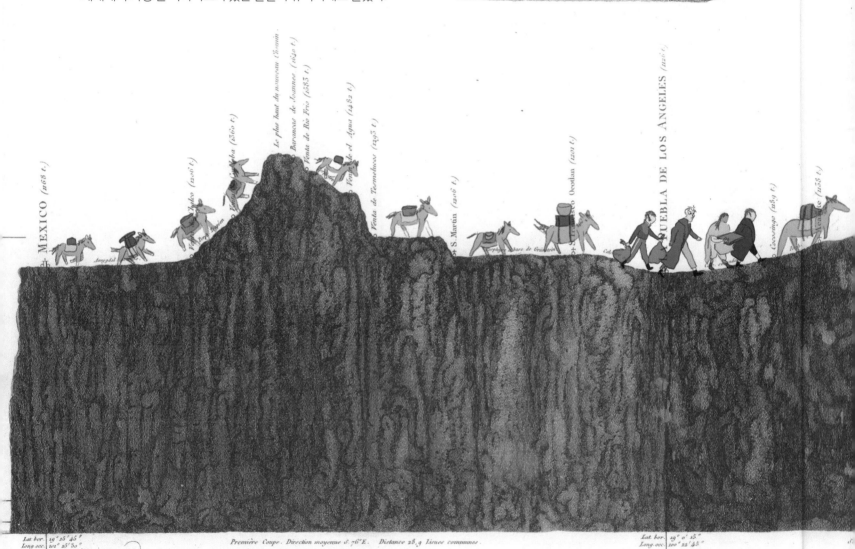

Tableau physique de la pente Orient

(Chemin de Mexico à V

Dressé d'après des mesures Barométriques et Trigonome

Pic d'Orizava *ou* Citlaltépetl
5295 ᵐ (2717 t.)

멕시코 최고봉인 오리사바산 또한 측량했다.

봉플랑이 식물을 채집하는 동안 카를로스와 나는
코프레 데 페로테를 함께 등반하기도 했다.

Le Cofre de Perote *ou* Nauhcampatepetl
4089 ᵐ (2098 t.)

1804년 3월 7일, 멕시코에 도착한 지
정확히 1년 만에 우리는 그곳을 떠났다.

n moyenne N. 52° S.   Distance 27,2 Lieues communes.   Lat. bor 19° 38' 30"   Troisième Coupe. Direction moyenne S. 65° E.   Distance 28,4 Lieues communes.
Long. occ. 99° 30' 0"

du Plateau de la Nouvelle Espa

z par Puebla et Xalapa.)

rises en 1804 par Mr. de Humboldt

배를 타고 베라크루스를 떠난 우리는 1804년 3월 19일에 쿠바에 도착했다. 쿠바는 그다지 마음에 드는 곳이 아니었다. 왜냐고? 쿠바에서는 아무도 자연이나 과학, 예술 이야기를 하지 않았다. 새로운 발견이나 고대 문명에 관심이 있는 사람은 아무도 없었다. 아바나에서는 모두 설탕과 수익, 플랜테이션 농장 얘기만 주야장천 해댔다. 다들 최소한의 노예로 최대한의 설탕을 생산할 방법만 궁리하고 있었다. 그게 그들의 유일한 관심사였다.

남아메리카에 도착한 지 얼마 안 되었을 때 쿠마나에서 목격한 노예시장에 큰 충격을 받았다. 나는 노예시장을 본 후 그들이 겪는 가혹한 처우에 대해 기록해 나갔다.

내 일지는 노예들의 비참한 삶에 대한 이야기로 가득했다. 카라카스에서는 어떤 주인이 노예에게 자신의 배설물을 먹인 일이 있었고, 바늘로 자기 노예들을 고문한 주인도 있었다. 어디를 가도 등에 채찍질 흉터가 선명한 노예들의 모습을 볼 수 있었다. 원주민들에 대한 처우도 결코 나을 것이 없었다. 오리노코강 기슭에 있는 선교지에서는 원주민 아이들이 납치되어 노예로 팔린다는 이야기가 심심찮게 들렸다. 여자애에게 키스를 했다는 이유만으로 선교사에게 고환을 잘린 원주민 남자아이 이야기는 정말이지 경악스러웠다.

사탕수수즙 한 방울 한 방울이 노예들의 피와 고통으로 이루어졌다.

나는 노예제를 비판하는 내용을 담은 책을 쓰기도 했다. 제목은 《쿠바섬에 대한 정치적 고찰》이었지만 쿠바뿐 아니라
노예제를 시행하는 모든 국가에 적용되는 내용이었다.

1804년 4월 29일,
약간의 지연 끝에 우리는 스페인의 쾌속범선 콘셉시온호를 타고 아바나를 떠났다.

일주일 후, 우리는 허리케인의 한가운데에 내동댕이쳐졌다.

바람은 우리가 탄 배를 요란스럽게 흔들어댔다. 허리케인은 정말이지 공포 그 자체였다. 경험이 많은 나이 든 선원들조차 죽음의 공포에 떨었다.

5월 6일　　5월 7일　　5월 8일　　5월 9일

허리케인의 기세는 도무지 꺾일 기미가 없었다. 배의 뼈대가 삐걱거리고, 돛 줄은 끊어져 바람에 날렸다. 선실 안의 가구들은 이리저리 굴러다녔고, 선체에 부딪힌 요란한 파도 소리에 귀가 먹먹했다. 안에서 버티기 힘들어진 나는 해가 뜰 때쯤 갑판으로 올라갔다. 갑판에는 항해사가 있었다.

5월 13일, 폭풍이 갑자기 찾아들었다. 비는 계속 왔지만 적어도
바람은 잠잠해졌다. 모두 기진맥진했다.

Voyage de la Havane à Philadelphia 1804

닷새 후, 우리는 필라델피아로 향하며 델라웨어
의 해안선을 보았다. 아, 이야기하지 않았던가?
유럽에 돌아가기 전에 경로를 조금 우회해서 미
국에 들르기로 했다. 북아메리카에 한 번 가보고
싶은 마음도 있었고, 미국의 3대 대통령이자 예
전부터 존경해온 인물인 토머스 제퍼슨도 만나
고 싶었기 때문이다. 남아메리카에 머문 5년간
장엄한 자연의 아름다움을 보았다. 이제는 인류
가 이룩한 영광스러운 사회를 보고 싶었다. 자유
의 이념 위에 건국된 공화국의 모습을 말이다.

미국의 새로운 수도 워싱턴에 있는 대통령 토머스 제퍼슨과 국무장관 제임스 매디슨에게도 편지를 보내 만남을 청했다. 우리는 5월 29일 역마차를 타고 워싱턴으로 출발했다. 마침내 건국의 아버지들을 만난다고 생각하니 마음이 들떴다.

도착해서 보니 워싱턴은 예상했던 것보다 훨씬 소박했다. 거창한 설계도에 비해 실제 규모는 단출했는데, 집 800채에 주민은 4,500명 정도였다. 여기저기서 공사가 진행 중이었고, 지도에 있는 도로도 아직은 대부분 깔리지 않은 상태였다. 곳곳에 물웅덩이와 바위, 진창이 있어서 마차가 몇 번이나 뒤집어졌다.

대통령 관저도 아직 다 지어지지 않은 상태였다. 내부의 집기와 가구도 절반은 비어 있었고,
정원이 있어야 할 곳에는 일꾼들의 창고와 벽돌 굽는 가마가 있었다. 하지만 아무래도 상관없었다.
중요한 것은 마침내 제퍼슨을 만나게 됐다는 사실이었다. 물론 도처에 보이는 노예들의 모습이 마음에 걸리기는 했다.

확실하진 않지만,
제임스 매디슨이 환경 보호에 관심을 가지게 된 것은
아무래도 내 덕이라고 생각하고 싶네.
매디슨은 1818년 연설을 통해 환경에 대한
깊은 관심을 드러냈지.

당시 대부분의 미국인은
신이 오직 인간만을 위해 세상의 모든 동식물을
창조한 거라고 믿었다네. 그런데 매디슨은 거기에 대고
자연을 인간에 종속된 것으로 생각해서는 안 된다고 주장했지.
매디슨은 연설에서 내가 얘기했던 삼림 파괴를 걱정했다네.
그리고 대규모 담배 농사가 비옥했던 버지니아의 토양을
망치고 있다고 강조했지. 당시로서는 파격적인 내용이었어.

매디슨은 자연을 파괴하지 않고
그 안에서 살아갈 방법을 찾아야 한다고 강조했다네.
버지니아에 있는 자기 소유의 농장 몽펠리에서는 숲 일부를
보호 구역으로 지정하기도 했지. * 그는 미국인들에게
함께 환경을 보호하자고 호소했지만 당시에는 아무도 귀 기울이지
않았다네. 나중에 가서야 사람들은 그 연설이 미국 환경주의의
시작이었음을 깨달았지. 아주 훌륭한 연설이었다네.
그리고 이미 말했다시피 내 아이디어가 많이 들어가 있었지.

미국을 방문하는 동안 파티와 저
녁식사에만 불려 다닌 것은 아니
었다. 사실 나의 미국 방문
은 아주 시기적절한
것이었다.

*지금도 제임스 매디슨의 몽펠리에 숲은 튤립나무, 히코리나
무, 여러 종의 참나무가 어우러진 80헥타르 규모의 아름답
고 우아한 낙엽수림으로 남아 매디슨의 뜻을 빛내고 있다.

우리는 워싱턴에서 일주일을 보낸 끝에 다시 필라델피아로 돌아가
유럽행을 준비했다.

1804년 7월 초, 우리는 프랑스의 쾌속범선을 타고 미국을 떠났다.
처음 유럽을 떠난 지 정확히 5년 만이었다.

베를린
1859년

작가의 말

《자연의 발견: 알렉산더 폰 훔볼트의 모험》은 일종의 그래픽 논픽션 작품이다. 이 책에 등장하는 모든 내용은 기록 연구, 훔볼트가 작성한 원본 자료, 그리고 재인용된 자료에 기반을 두고 있다. 등장인물들 간의 대화는 물론 상상으로 만들었지만, 훔볼트가 남긴 기록을 최대한 활용했다. 예를 들어, 키토의 하인들이 훔볼트가 피친차 화산을 깨우려고 분화구에 화약을 부었다는 이야기를 했던 것은 사실이다. 하인들이 창밖에 앉아 대화를 나누는 장면은 창작한 것이지만, 그런 소문이 있었다는 내용 자체는 훔볼트의 일지에 명확히 기록되어 있다. 단 한 가지 작가로서의 자유를 발휘한 부분은 실제로는 세 명이었던 하인의 역할을 우리의 충직한 하인 호세 한 명으로 합친 것이다. 그림을 맡은 릴리안 멜셔 역시 훔볼트의 기록 여기저기에 등장하는 하인들의 모습을 하나로 종합해 호세의 모습을 만들어냈다. 사실 하인들에 대해 알려진 것들은 단편적이다. 여행의 일부 구간에만 단기적으로 동행한 하인들도 있지만, 그들에 대해서는 알 수 있는 것이 거의 없다. 그러나 대부분의 훔볼트 학자들은 호세 드 라 크루스가 훔볼트와 봉플랑의 남아메리카 탐험 내내 동행했다는 사실에 동의하며, 그 후 미국에, 아마도 나중에는 유럽까지 동행했을 가능성이 있다고 말하고 있다. 훔볼트는 모든 것을 꼼꼼히 기록했지만, 아쉽게도 하인들에 대해서는 그렇지 않았다. 그의 기록에서 하인들은 대부분 아메리카 원주민인 경우 '인디오', 아프리카계와 아메리카 원주민의 혼혈인 경우 '메스티소', 아프리카계와 유럽계의 혼혈인 경우 '물라토' 정도로만 언급되며, 이름이 남아 있는 하인은 카를로스 델 피노, 펠리페 알다스, 호세 드 라 크루스뿐이다.

《자연의 발견: 알렉산더 폰 훔볼트의 모험》은 훔볼트가 출간한 저서들과 그의 일지, 기록,

편지 등을 바탕으로 쓰였다. 훔볼트에 대해 더 알고 싶은 독자들, 특히 이 책에 담긴 5년간의 라틴 아메리카 탐험 전후의 이야기가 궁금한 독자들은 나의 전작 《자연의 발명: 잊혀진 영웅 알렉산더 폰 훔볼트》(생각의 힘, 2016)를 읽어볼 것을 권한다. 이 책의 성격과는 맞지 않아 싣지 못한 자세한 각주와 방대한 참고문헌 목록을 살펴보는 것도 도움이 될 것이다.

훔볼트가 아메리카 대륙을 탐험하며 남긴 일지와 메모들은 현재 베를린 주립도서관에 보관되어 있으며 온라인으로도 확인할 수 있는데, 정말 풍부한 자료의 보고다. 지난 수십 년간 베를린-브란덴부르크 한림원의 알렉산더 폰 훔볼트 연구센터가 출간한 훔볼트의 서신집과 일지들, 특히 마르고트 파아크가 편저한 일지들 또한 이 책을 쓰는 데 핵심 자료가 되었다. 연구센터가 온라인으로 제공 중인 '훔볼트 연대표'는 많은 학자적 노력이 들어간 자료다. 그 외 현재 진행 중인 연구 프로젝트 '길 위의 알렉산더 폰 훔볼트 – 이동으로부터의 과학(2015~2032)'은 훔볼트의 남아메리카 탐험뿐 아니라 러시아 탐험까지 포함한 모든 탐험 관련 문헌을 온라인으로 접근 가능하게 만들 예정이다.

훔볼트 본인의 저서가 너무 많아서 여기에 다 나열할 수는 없지만, 이 책을 쓰는 데 《신변기Personal Narrative》(1814~1829)와 《자연관Views of Nature》(1849), 《누에바에스파냐 왕국에 대한 정치적 고찰Political Essay on the Kingdom of New Spain》(1811), 《코스모스Cosmos》(1845~1852), 그리고 훔볼트의 저서 중 가장 호화로운 자료가 담긴 두 권 분량의 《코르딜레라스산맥과 아메리카 원주민의 기념비적 업적들Vues des Cordillères et monumens des peuples indigènes de l'Amérique》(1810~1813)이 가장 중요한 역할을 했다.

배경의 콜라주로 쓰인 손글씨와 그림들은 모두 훔볼트가 직접 쓴 일지와 서한, 메모, 그리고 직접 그린 스케치 등을 가져온 것이다. 현재 베를린 식물원에 보관되어 있는 훔볼트와 봉플랑의 식물표본집 이미지, 뉴욕 식물원의 남아메리카 식물 이미지, 그리고 릴리안이 직접 압착하여 제작한 표본의 이미지도 함께 활용했다. 릴리안이 만든 표본의 경우 오래된 느낌을 주기 위해 의도적으로 곰팡이가 핀 것처럼 연출하기도 했다. 훔볼트의 저서에 등장하는 지도와 판화, 삽화 또한 활용했는데, 《코르딜레라스산맥과 아메리카 원주민의 기념비적 업적들》에 나오는 상형문자와 잉카 유적 그림, 《누에바에스파냐 왕국의 지리적·물리적 시도들Atlas Geographique et Physique du Royaume de la Nouvelle-Espagne》(1811)이라는 지도책에 나오는 화려한 지도들이 쓰였다. 나무와 강, 숲의 사진을 활용하도록 흔쾌히 허가해준 지인들도 있었고, 친분이 없음에도 기꺼이 도와준 이들도 있었다. 훔볼트에게 영감을 받아 남아메리카를 여행했던 요한 모리츠 루겐다스와 《코스모스》를 감명 깊게 읽고 남아메리카를 찾아가 훔볼트의 발자취를 따라 여행한 프레더릭 에드윈 처치의 유화와 수채화도 쓰였다. 그 외 웰컴 이미지 라이브러리와 새롭게 개설된 훌륭한 온라인 이미지 라이브러리인 존 카터 브라운 도서관의 초기 아메리카 이미지 아카이브에서 찾은 수많은 판화와 삽화 또한 함께 활용했음을 밝힌다.

온라인 참고자료

온라인으로 접근 가능한 훔볼트 저서 모음
http://www.avhumboldt.de/?page_id=469

베를린–브란덴부르크 한림원의 훔볼트 프로젝트
https://www.hin-online.de/index.php/hin

훔볼트 연구 국제 리뷰HIN
http://www.hin-online.de/INDEX.PHP/HIN

훔볼트 연대표
https://edition-humboldt.de/chronologie/index.xql?l=de

베를린 주립도서관에 있는 훔볼트의 일지와 메모, 프로이센 문화유산재단
https://humboldt.staatsbibliothek-berlin.de/WERK/

베를린 식물원에 있는 훔볼트와 봉플랑의 식물 표본
http://ww2.bgbm.org/herbarium/result.cfm?searchart=2

존 카터 브라운 도서관의 초기 아메리카 이미지 아카이브
https://jcb.lunaimaging.com/luna/servlet/JCB~1~1

웰컴 컬렉션
https://wellcomecollection.org/WORKS

베를린 프로이센 문화유산재단 이미지 뱅크
https://www.bpk-bildagentur.de/

현재 출간되어 있는 훔볼트의 일지와 서신집

《*Alexander von Humboldt. Reise durch Venezuela. Auswahl aus den Amerikanischen Reisetagebüchern*》 Edited by Margot Faak, Berlin: Akademie Verlag, 2000.

《*Alexander von Humboldt. Reise auf dem Río Magdalena, durch die Anden und Mexico*》 Edited by Margot Faak, Berlin: Akademie Verlag, 2003.

《*Alexander von Humboldt. Lateinamerika am Vorabend der Unabhängigkeitsrevolution: eine Anthologie von Impressionen und Urteilen aus seinen Reisetagebüchern*》 Edited by Margot Faak, Berlin: Akademie Verlag, 1982.

《*Briefe aus Amerika 1799 - 1804. Alexander von Humboldt*》 Edited by Ulrike Moheit, Berlin: Akademie Verlag, 1993.

《*Alexander von Humboldt und die Vereinigten Staaten von Amerika. Briefwechsel*》, Edited by Ingo Schwarz, Berlin: Akademie Verlag, 2004.

《*Alexander von Humboldt et Aimé Bonpland. Correspondance 1805 - 1858*》 Edited by Nicolas Hossard, Paris: L'Harmattan, 2004.

이미지 출처

존 카터 브라운 도서관의 초기 아메리카 이미지 아카이브: 35, 56, 57, 84, 91, 121, 123, 126, 131, 138, 139, 200, 219, 220, 223, 248, 260.

베를린 식물원: 13, 18, 32, 44, 48, 49, 53, 87, 88, 89, 96, 97, 181, 182, 185, 218, 227, 234, 244, 245.

디트로이트 미술관: 212, 213, 214.

퍼시픽대학교 존 뮤어 문헌, 저작권 1984년 뮤어-한나 트러스트: 51.

미국 의회 도서관: 261, 266, 267, 268.

뉴욕 메트로폴리탄 박물관: 134, 135, 136, 138, 140, 143.

에콰도르 문화부: 19.

뉴욕 공공 도서관: 260.

개인 소장: 82, 126, 244.

자유 이용 저작물: 28, 32, 198.

프로이센 문화유산재단, 베를린 주립도서관, BPK 이미지 에이전시: 6, 7, 9, 10, 19, 20, 21, 22, 24, 25, 30, 33, 34, 35, 36, 38, 45, 50, 55, 60, 61, 62, 78, 79, 82, 86, 87, 88, 89, 91, 94, 95, 96, 97, 98, 99, 102, 103, 108, 109, 110, 114, 115, 124, 126, 128, 129, 131, 138, 140, 141, 143, 151, 158, 162, 164, 165, 166, 170, 171, 172, 173, 174, 175, 178, 179, 180, 181, 183, 184, 186, 188, 192, 193, 194, 196, 197, 199, 203, 204, 205, 206, 207, 210, 218, 225, 229, 230, 231, 232, 240, 241, 242, 243, 244, 245, 258, 259, 263, 270.

웰컴 컬렉션: 18, 19, 59, 61, 62, 74, 84, 86, 88, 89, 90, 95, 101, 126, 129, 139, 143, 144, 163, 177, 178, 182, 184, 188, 207, 212, 213, 214, 216, 217, 219, 220, 221, 222, 223, 224, 225, 226, 227, 228, 236, 237, 238, 239, 234, 242, 245, 246, 247, 248, 263, 267, 275

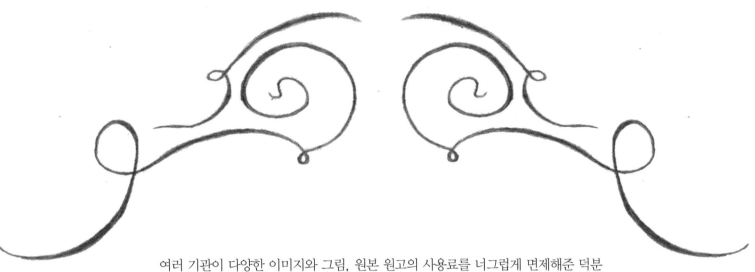

여러 기관이 다양한 이미지와 그림, 원본 원고의 사용료를 너그럽게 면제해준 덕분에 이 책에 실을 수 있었다. 그러한 지원이 없었다면 이 책은 현재의 모습으로 완성되지 못했을 것이다.

프로이센 문화유산재단과 베를린 주립도서관, BPK 이미지 에이전시가 훔볼트 기록 보관소와 이미지 라이브러리 '습격'을 허가해준 덕분에 좋은 이미지를 많이 찾을 수 있었다. 이 책에 수록된 모든 원본 문헌 이미지를 비롯한 많은 이미지가 재단과 도서관, 에이전시의 컬렉션에서 가져온 것임을 밝힌다.

베를린 식물원은 훔볼트와 봉플랑의 식물표본집 사용을 허락해 주었다.

허버트 라미레스가 우연한 기회로 제공해준 드론 사진은 오리노코와 아마존에 대한 페이지의 콜라주에 감사히 사용되었으며, 데이비드 보키노의 마이푸레스 급류 사진 또한 책에 활용되었다. 몽펠리에 숲 사진 사용을 허가해준 몽펠리에 재단에도 감사 드린다.

존 카터 브라운 도서관의 초기 아메리카 이미지 아카이브와 웰컴 재단 이미지 라이브러리 또한 훔볼트의 남아메리카 여행을 표현하는 데 도움이 된 많은 판화와 이미지를 제공해주었다.

모두의 너그러운 지원에 감사를 표한다.

감사의 말

《자연의 발견: 알렉산더 폰 훔볼트의 모험》을 만드는 과정은 그야말로 훔볼트적이었다. 많은 분들과 다양한 기관이 도움을 주셨고, 아마도 그 도움이 없었다면 이 책은 완성되지 못했을 것이다. 지역적 구분 외에 특별한 순서 없이 다음의 분들에게 감사의 말을 전한다. 우선 유럽에 계신 분들. 베를린 공립도서관의 바바라 슈나이더-켐프, 지넷 램블, 유타 베버. 프로이센 문화유산재단의 헤르만 파르징거. BPK 이미지 에이전시의 한스-페터 프렌츠와 크리스티나 슈테르. 베를린 식물원의 파트리시아 라헤미푸. 베를린 알렉산더 폰 훔볼트 연구센터의 유능한 직원들. 베를린의 잉고 슈바르츠, 울리케 라이트너, 울리히 파슬러, 토비아스 크래프트. 그 외 줄리아 베이얼, 프랭크 홀, 좀 헤밍에게도 감사의 말을 전한다. 미국과 그 외 지역의 분들에게도 감사하고 싶다. 창작기금을 지원해준 판타 레아 재단의 다이애나 크론. 몬티첼로와 토머스 제퍼슨 재단의 레슬리 보우먼과 조슈아 스콧. 넬슨 버스 울츠 조경의 메리 울츠, 토머스 울츠를 비롯한 모든 직원. 존 카터 브라운 도서관의 닐 사피어. 훔볼트 주립대학의 리처드 파셀크. 뉴욕 식물원의 바네사 셀러스와 프란시스카 코엘료. 헌팅턴 도서관·미술관·식물원의 스티브 힌들. 몽펠리에 재단의 카트 임호프와 자일스 모리스. 그 외 마리 아라나, 샌드라 니콜스, 크리스 노스, 빅토리아 존슨, 데이비드 보키노, 세자르 아스투후만, 닉 수재니스, 패트 커밍스, 알렉산드라 글렌 콜린스, 샘 셰퍼드, 다이자 워싱턴, 칼리 맥닐, 마가리트 커틀러, 줄리안 클레퍼, 스코트 서덜랜드, 로버트와 캐슬린 휠러. 퓨 저작권 에이전시의 패트릭 월시와 존 애쉬, 그리고 CW 에이전시의 모두에게도 감사의 말을 전하고 싶다. 크노프와 판테온의 모두들, 특히 이 책을 총 천연색으로 제작하고 여러모로 도움을 준 에드워드 카스텐마이어와 댄 프랭크에게 감사를 표한다. 물론 존 머레이 출판사와 C. 베텔스만의 고마운 팀원들도 잊지 않았다.

멋진 조판 작업으로 이 책의 글과 그림이 아름답게 어우러지게 해준 나탈리 모레노와 마리사 바카에게 특별한 감사의 말을 전한다.

그리고 마지막으로 릴리안과 나를 연결해준 로렌 레드니스에게 크나큰 감사의 마음을 전하고 싶다.

— 안드레아 울프

우리의 성공적인 앞날을 기원하며
토머스 울츠에게 바칩니다. 당신이 지금까지
해온 일들, 그리고 앞으로 할 일들에
감사합니다.

예술과 역사의 즐거움을 알려주신
나의 어머니 제니퍼 서덜랜드,
종류를 가리지 않고 모든 생물을
사랑하는 마음을 심어준 나의 아버지
더글라스 멜셔에게 이 책을 바칩니다.

안드레아 울프Andrea Wulf는 인도에서 태어나 어린 시절 독일로 이주했으며, 지금은 런던에서 살고 있다. 지금까지 다섯 권의 책을 출간했으며, 다수의 수상 경력을 보유하고 있다. 전작인 《자연의 발명》은 국제적인 베스트셀러 반열에 올랐으며, 2015년에는 〈뉴욕타임스〉가 선정하는 우수 도서 열 권 중 한 권으로 선정되기노 했다. 《사연의 발명》은 26개국에서 출간되어 열두 개의 문학상을 수상했다. 세계탐험가클럽의 회원이며, 영국 왕립지리학협회와 왕립문학협회의 회원이기도 한 안드레아 울프는 유럽의 여러 도시, 침보라소 화산, 오리노코강의 마이푸레스 급류, 베를린의 문서보관소까지 훔볼트의 발자취를 따르며 지난 몇 년을 보냈다.

릴리안 멜셔Lillian Melcher는 매사추세츠주에 위치한 보스턴 외곽에서 나고 자랐다. 2016년 일러스트레이션 전공으로 뉴욕 파슨스디자인스쿨을 졸업했으며, 아동도서 작가 및 삽화가 협회가 일러스트레이션 전공생에게 수여하는 장학금을 받기도 했다. 이번 책이 첫 번째 작품이다. 침보라소 화산이나 오리노코강에 직접 가보지는 못했지만, 작업을 하는 2년간 안드레아 울프의 안내로 훔볼트의 세계에 흠뻑 빠져 모험을 즐겼다. 독자들도 이 작품을 통해 부디 같은 감정을 느낄 수 있기를 바라고 있다.

옮긴이 **정영은**

서강대학교에서 영미문학을, 이화여자대학교 통번역대학원에서 한영통역을 공부했다. 졸업 후 다양한 기관에서 상근 통번역사로 근무했으며, 현재는 좋은 책을 발굴하고 소개하는 번역 공동체 펍헙번역그룹의 일원으로 활동하고 있다. 《21세기 최고의 세계사 수업》, 《새로운 생각은 어떻게 나를 바꾸는가》, 《와인 테이스팅의 과학》 등을 우리말로 옮겼다.

자연의 발견

알렉산더 폰 훔볼트의 모험

초판 1쇄 발행 2021년 8월 5일
    2쇄 발행 2022년 7월 20일

지은이 안드레아 울프 | 그린이 릴리안 멜셔 | 옮긴이 정영은
편집 한정윤 | 디자인 디자인 엘비스 | 펴낸이 정갑수

펴낸곳 열린과학
출판등록 2004년 5월 10일 제300-2005-83호
주소 06691 서울시 서초구 방배천로 6길 27, 104호
전화 02-876-5789   팩스 02-876-5795
이메일 open_science@naver.com

ISBN 978-89-92985-82-6 03400

• 잘못 만들어진 책은 구입하신 곳에서 바꾸어 드립니다.
• 값은 뒤표지에 있습니다.

알라딘 북펀드로 이 책을 후원해주신 분들

강성철, 강지혜, 기지영, 김금연, 김기훈, 김다영, 김리연, 김보미, 김상윤, 김상훈, 김성용, 김소연, 김수경, 김순철, 김승대, 김영규, 김유경, 김은하, 김재연, 김재호, 김주리, 김지영, 김지인, 김지인, 김태경, 김태희, 김형은, 김혜진, 김희정, 김희정, 김희진, 나상윤, 남유진, 라성하, 박미주, 박미현, 박봉우, 박성근, 박성수, 박성혜, 박성희, 박소영, 박승호, 박주선, 박지애, 박지윤, 박진, 박징웅, 박현주, 박혜명, 반미순, 방정미, 백동현, 변찬호, 변현선, 성소림, 손혜정, 송세현, 신민정, 신보람, 신종문, 안누리, 안준오, 연지인, 윤수정, 윤정아, 이경, 이민, 이새미, 이선유, 이수현, 이승교, 이시창, 이영래, 이영주, 이원영, 이원웅, 이유진, 이은솔, 이재의, 이정미, 이정옥, 이정행, 이지미, 이지은, 이창수, 이채영, 이하늘, 이현일, 임은지, 임준걸, 장윤주, 장정애, 장주영, 전상배, 정기화, 정덕문, 정미경, 정보배, 정상진, 정승화, 정영라, 정요라, 정은주, 정지후, 정현희, 조명진, 조수현, 조숙희, 천현정, 최도원, 최병훈, 최봉은, 최순원, 최원석, 최원준, 최원준, 최정아, 최진희, 한래희, 한수빈, 한혜원, 홍상희, 홍성훈, 홍슬기, 황선희, 황성주, 황혜선

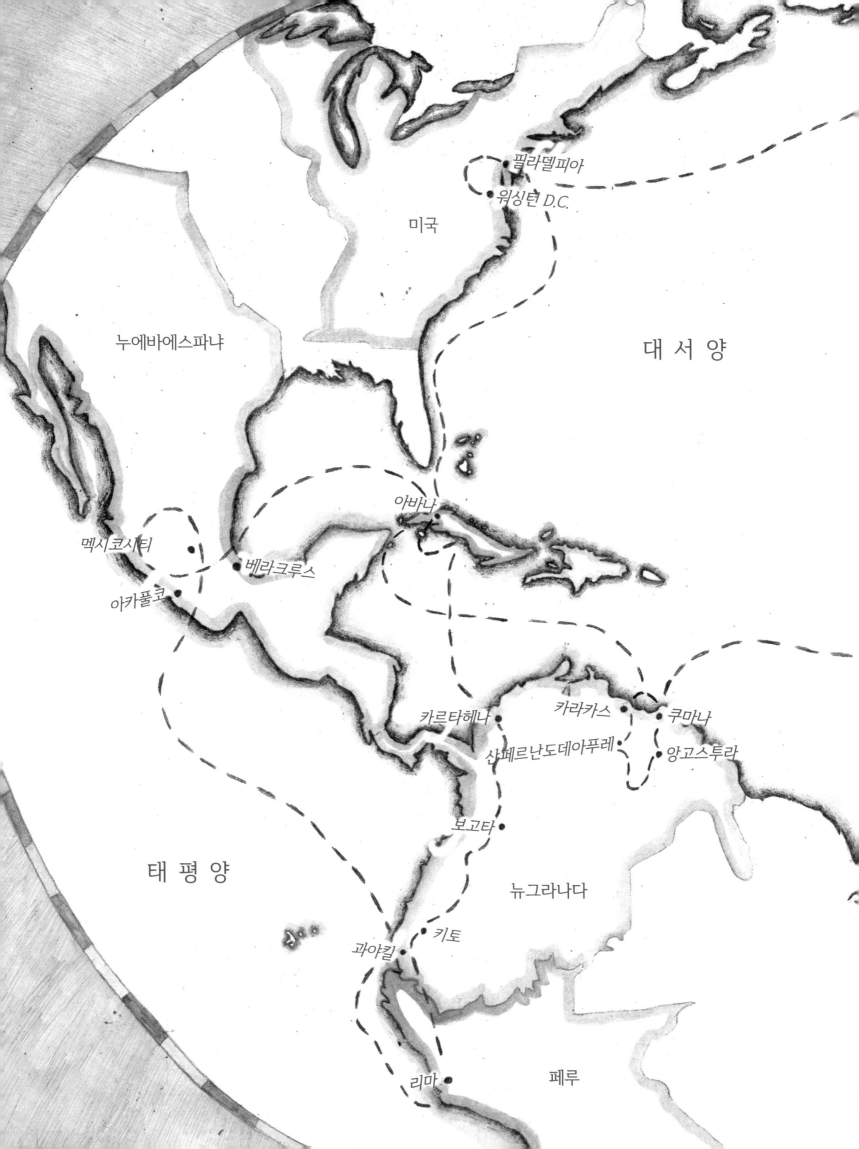